ÉTUDE

SUR

LES MOLLUSQUES TERRESTRES ET FLUVIATILES

RECUEILLIS AU COURS DE LA MISSION

DE DÉLIMITATION

DU NIGER-TCHAD (MISSION TILHO)

PAR LOUIS GERMAIN

(EXTRAIT DES *DOCUMENTS SCIENTIFIQUES DE LA MISSION TILHO*, T. II)

PARIS

IMPRIMERIE NATIONALE

MDCCCCXI

ÉTUDE

SUR

LES MOLLUSQUES TERRESTRES

ET FLUVIATILES

ÉTUDE

SUR

LES MOLLUSQUES TERRESTRES ET FLUVIATILES

RECUEILLIS AU COURS DE LA MISSION

DE DÉLIMITATION

DU NIGER-TCHAD (MISSION TILHO)

PAR LOUIS GERMAIN

(EXTRAIT DES *DOCUMENTS SCIENTIFIQUES DE LA MISSION TILHO*, T. II)

PARIS

IMPRIMERIE NATIONALE

MDCCCCXI

ÉTUDE

SUR

LES MOLLUSQUES TERRESTRES

ET FLUVIATILES

INTRODUCTION.

Les Mollusques recueillis par M. G. GARDE, au cours de la Mission de délimitation Niger-Tchad (Mission TILHO), constituent une collection importante, aussi bien par le nombre des espèces que par l'abondance des échantillons. Ils proviennent presque exclusivement soit du lac Tchad et de ses environs immédiats, soit des régions situées au N. E. de cette nappe intérieure : l'Egueï et le Toro. Ces dernières contrées étaient absolument inconnues des naturalistes : le matériel rapporté par M. G. GARDE comble donc une importante lacune et permet de formuler certaines conclusions sur lesquelles je reviendrai plus loin avec quelque détail. Malheureusement, nous ne savons absolument rien encore sur la faune du grand désert Libyque. Il serait très vivement à souhaiter qu'une expédition recueille, dans ces contrées, des documents assez nombreux pour qu'on puisse comparer sa faune avec celle des régions voisines. Une lacune semblable subsiste également au N. E. du lac Tchad : le plateau du Hoggar est entièrement inconnu au point de vue biologique. Sa faune doit présenter un intérêt de premier ordre, non seulement parce que le Hoggar est un pays montagneux, mais encore parce que cette contrée est exactement située, en plein centre désertique, aux confins mêmes du domaine équatorial proprement dit.

I

La faune du Tchad est maintenant connue dans ses grandes lignes. Ce résultat est dû, presque entièrement, aux explorations françaises qui, depuis une douzaine d'années, se sont succédé dans ces contrées. J'ai déjà fait ailleurs l'historique de ces expéditions [1] : je n'y reviendrai donc pas ici.

[1] GERMAIN (Louis). — Les Mollusques terrestres et fluviatiles de l'Afrique centrale; in : CERVAIS (A.). — L'Afrique centrale française; 1907. p. 459 et suiv.; et GERMAIN (Louis). — Recherches sur la faune malacologique de l'Afrique équatoriale : Archives de zoologie expérim. et génér.; V° série. I. 1910; 2° partie. chap. 1. p. 59 et suiv.

La première caractéristique de la faune malacologique du lac Tchad est l'abondance considérable des Gastéropodes opposée à la rareté relative des Pélécypodes. De nombreuses espèces de Physes, de Planorbes et de Limnées forment, parmi les Pulmonés, de très populeuses colonies répandues partout. Les *Vivipara,* les *Cleopatra* et les *Bythinia* jouent le même rôle parmi les Prosobranches. Les Acéphales sont beaucoup moins variés au point de vue spécifique : les *Unios* du sous-genre *Nodularia,* les *Mutela*[1], quelques Corbicules constituent la base de cette faune. Fait très curieux, on remarque l'absence complète du genre *Spatha,* bien qu'une espèce vive abondamment dans les tributaires du Tchad et, notamment, dans la Komadougou Yoobé tout près de son embouchure[2].

Si l'on compare maintenant les espèces qui vivent dans les divers points du lac, on constate des localisations extrêmement nettes. C'est ainsi que, dans quelques localités, n'habite que le *Melania tuberculata* Müller[3], ou le *Bythinia* (*Gabbia*) *Neumanni* Martens [entre Kouloua et Mattégou]. Mais de tels faits sont exceptionnels; le plus ordinairement, il y a une espèce dominante répandue à profusion, tandis que d'autres espèces, constituant cependant des colonies extrêmement populeuses dans les localités voisines, sont, pour ainsi dire, à l'état sporadique. Ici, ce sont les Physes qui dominent [Est de Kouloa]; là, ce sont les Planorbes [Kouloa]; ailleurs encore, les Vivipares [Bosso, embouchure de la Komadougou] ou les Melania; enfin et beaucoup plus rarement, les Pélécypodes : *Mutela* et surtout *Unio* [N. W. du Tchad, entre Garoa et N'Guigmi]. Quelques localités de l'Egueï et du Toro sont remarquables par l'extrême abondance des Valvées (*Valvata Tilhoi* Germain) [entre Ouani et Hangara], des *Pisidium* (*Pisidium* [*Eupera*] *Landeroini* Germain) [Hangara], et de la petite Corbicule que j'ai décrite sous le nom de *Corbicula Audoini* (Ali Agrenga).

Malgré ces curieuses localisations, la faune fluviatile du lac reste, dans son ensemble, extrêmement uniforme. Les récoltes de M. G. Garde, qui a eu le soin de recueillir des Mollusques, non seulement dans les localités de la périphérie, mais encore en des points, très exactement repérés, de l'intérieur même du Tchad, nous fournissent des matériaux de comparaison très utiles.

A une dizaine de kilomètres à l'Ouest de N'Gollom, l'intérieur du lac fournit les espèces suivantes :

> *Physa (Isidora) tchadiensis* Germain.
> *Vivipara unicolor* Olivier.

----

[1] Surtout le *Mutela angustata* Sowerby.
[2] C'est le *Spatha (Leptospatha) Stuhlmanni* Martens, qui habite cette rivière.
[3] Cette localisation des Melania se retrouve dans de nombreuses localités de l'Egueï et du Toro [Fanengha, Hangara, 25 kilomètres Est de Hangara, etc.].

Cleopatra bulimoides Küster.
Bythinia (Gabbia) Neumanni Martens.
Melania tuberculata Müller.
Unio (Nodularia) Lacoini Germain.
Corbicula Lacoini Germain.

Tandis que la faune riveraine de N'Gollom donne :

Physa (Isidora) strigosa Martens.
Physa (Isidora) tchadiensis Germain.
Physa (Pyrgophysa) Dautzenbergi Germain.
Vivipara unicolor Olivier.
Melania tuberculata Müller.
Corbicula Lacoini Germain.

L'intérieur du lac Tchad nourrit, à 3o kilomètres du bord Ouest :

Vivipara unicolor Olivier.
Cleopatra bulimoides Küster.
Bythinia (Gabbia) Neumanni Martens.
Melania tuberculata Müller.
Unio (Nodularia) Lacoini Germain.
Mutelina Mabillei de Rochebrune, variété *Gaillardi* Germain.
Corbicula Lacoini Germain.

A 35 kilomètres du bord Ouest, on observe :

Planorbis sudanicus Martens.
Planorbis Bridouxi Bourguignat.
Physa (Isidora) strigosa Martens.
Limnœa Vignoni Germain.
Bythinia (Gabbia) Neumanni Martens.
Melania tuberculata Müller.

Et, enfin, à 45 kilomètres du bord Ouest :

Planorbis Bridouxi Bourguignat.
Vivipara unicolor Olivier.
Cleopatra bulimoides Küster, variété *Richardi* Germain.
Melania tuberculata Müller.
Unio (Nodularia) Lacoini Germain.
Mutelina Mabillei de Rochebrune, variété *Gaillardi* Germain.
Mutelina rostrata Rang.
Corbicula Lacoini Germain.

Quelques blocs argileux, recueillis sur le fond du lac, à 35 kilomètres du bord Ouest, sont pétris des espèces suivantes :

Planorbis Bridouxi Bourguignat.
Physa (Isidora) strigosa Martens.
Physa (Isidora) tchadiensis Germain.
Limnœa africana Rüppell.

Tandis que les bancs de sable de l'intérieur du Tchad ont fourni :

Unio (Nodularia) Lacoini Germain.
Mutelina rostrata Rang.
Corbicula Lacoini Germain.

Si l'on compare maintenant les espèces de ces diverses localités avec celles recueillies près de Bosso, dans une zone sableuse à l'embouchure de la Komadougou Yoobé, on retrouve encore la même faune et l'on voit que la présence d'un estuaire important ne semble pas avoir influencé la population malacologique du lac :

Planorbis Bridouxi Bourguignat.
Physa (Isidora) strigosa Martens.
Vivipara unicolor Olivier.
Cleopatra cyclostomoides Küster, variété *tchadiensis* Germain.
Melania tuberculata Müller.
Unio (Nodularia) Lacoini Germain.
Corbicula Lacoini Germain.

La comparaison de la faune Est et de la faune Ouest du Tchad permet de constater les mêmes analogies, qui sont mises en évidence par le tableau comparatif suivant :

NOM DES ESPÈCES.	BORD DU TCHAD		INTÉRIEUR DU TCHAD					BANCS DE SABLE à l'intérieur du Tchad.	TCHAD à l'embouchure de la Komadougou Yoobé.
	à Koulou.	à N'Gollom.	à 10 kil. W. de N'Gollom.	à 30 kil. W. de N'Gollom.	à 35 kil. W. de N'Gollom.	à 40 kil. W. de N'Gollom.	blocs argileux à 35 kil. du bord W.		
GASTÉROPODES.									
Limnœa africana Rüppell	+	"	"	"	+	"	+	"	"
Limnœa tchadiensis Germain	+	"	"	"	"	"	"	"	"
— *Chudeaui* Germain	+	"	"	"	"	"	"	"	"
— *Vignoni* Germain	+	"	"	"	+	"	"	"	"
Physa (Isidora) strigosa von Martens.	+	+	"	"	"	"	+	"	+
— *(Isidora) tchadiensis* Germain .	+	+	+	"	"	"	+	"	"
— *(Isidora) trigona* von Marteus.	+	"	"	"	"	"	"	"	"
— *(Pyrgophysa) Dautzenbergi* Germain.	+	+	"	"	"	"	"	"	"

NOM DES ESPÈCES.	BORDS DU TCHAD		INTÉRIEUR DU TCHAD					BANCS DE SABLE à l'intérieur du Tchad.	TCHAD à l'embouchure de la Komadougou Yoobé.
	à Kouloa.	à N'Gollom.	à 10 kil. W. de N'Gollom.	à 30 kil. W. de N'Gollom.	à 35 kil. W. de N'Gollom.	à 40 kil. W. de N'Gollom.	blocs argileux à 35 kil. du bord W.		
Planorbis sudanicus von Martens					+				
— tetragonostoma Germain ...	+								
— Bridouxi Bourguignat.....	+				+	+	+		+
— Gardei Germain.........									+
— Chudeaui Germain........									
Planorbula tchadiensis Germain......	+								
Segmentina Chevalieri Germain......	+								
Vivipara unicolor Olivier...........	+	+	+	+		+			+
Cleopatra bulimoides Küster........	+			+					
Cleopatra bulimoides variété *Richardi* Germain.			+			+			
Cleopatra cyclostomoides Olivier var. tchadiensis Germain.									+
Bythinia (Gabbia) Neumanni von Martens.	+		+	+	+				
Bythinia (Gabbia) neothaumæformis Germain.				+					
Melania tuberculata Müller.........	+	+	+	+	+	+			+
PÉLÉCYPODES.									
Unio (Nodularia) Lacoini Germain ...	+		+	+		+		+	+
Mutela angustata Soverby var. ponderosa Germain.									+
Mutelina rostrata Rang.............						+		+	
Mutelina Mabillei de Roch. var. *Gaillardi* Germain.				+		+			
Corbicula Lacoini Germain..........		+	+	+		+		+	+

II

La faune malacologique terrestre des bords du Tchad et des nombreux archipels de ce lac est encore peu connue. Les matériaux recueillis par M. G. GARDE sont d'ailleurs, à ce point de vue, beaucoup moins importants. Il y a lieu, cependant, de signaler une nouvelle Succinée (*Succinea Lauzannei* Germain) recueillie au Nord de Kouloa et la découverte du *Succinea Chudeaui* Germain, à N'Gollom. Ces découvertes portent à trois le nombre des Succinées dont la présence a été constatée sur les rives du Tchad :

Succinea tchadiensis Germain.
Succinea Chudeaui Germain.
Succinea Lauzannei Germain.

L'une d'elles, *Succinea Lauzannei*, présente de singulières analogies avec le *Succinea pseudomalonyx* Dupuis et Putzeys[1], du bassin du Congo.

[1] DUPUIS (P.) et PUTZEYS (S.). — Diagnoses de quelques coquilles nouvelles provenant de l'état indépendant du Congo, suivies de quelques observations relatives à des espèces déjà connues; *Annales de la Société malacologique Belgique*; XXXVI (1901), p. LIV, fig. 25-26.

III

La faune de l'Egueï, du Toro et du Bodeli, c'est-à-dire des régions situées au N. E. du Tchad, était entièrement inconnue avant l'expédition Tilho. Les matériaux rapportés constituent donc ici un document de premier ordre. Il s'est trouvé, dans ces récoltes, un certain nombre d'espèces nouvelles qui sont figurées dans ce mémoire; ce n'est cependant pas dans ce fait que réside le principal intérêt de cette faunule, mais bien dans les rapports qu'elle présente avec la population malacologique des régions voisines. Elle est, en effet, intermédiaire entre la faune du Nil et celle du Tchad, et son caractère nilotique s'accentue à mesure que l'on avance vers l'Est. Quant aux Mollusques nouveaux, ce sont tous des *formes représentatives des espèces correspondantes de la vallée du Nil*. Le tableau suivant précise ces analogies :

LAC TCHAD.	EGUEÏ.	HAUT NIL.
Planorbis Bridouxi Bourguignat.	*Planorbis Bridouxi* Bourguignat.	*Planorbis Bridouxi* Bourguignat.
Planorbis sudanicus Martens.		*Planorbis sudanicus* Martens.
Physa (*Isidora*) *tchadiensis* Germain.	*Physa* (*Isidora*) *tchadiensis* Germain.	
Limnœa africana Rüppell.	*Limnœa africana* Rüppell.	*Limnœa africana* Rüppell.
Vivipara unicolor Olivier.	*Vivipara unicolor* Olivier.	*Vivipara unicolor* Olivier.
Cleopatra cyclostomoides Küster variété *tchadiensis* Germain.	*Cleopatra Poutrini* Germain.	*Cleopatra cyclostomoides* Küster.
Bythinia (*Gabbia*) *Neumanni* Martens.	*Bythinia* (*Gabbia*) *Neumanni* Martens.	*Bythinia* (diverses espèces).
Melania tuberculata Müller.	*Melania tuberculata* Müller.	*Melania tuberculata* Müller.
	Valvata Tilhoi Germain.	*Valvata Sauleyi* Bourguignat [1].
		Valvata Revoili Bourguignat [1].
Unio (*Nodularia*) *Lacoini* Germain.	*Unio* (*Nodularia*) *Lacoini* Germain.	*Unio* (*Nodularia*) *ægyptiaca* Cailliaud.
Corbicula tchadiensis Martens.	*Corbicula Audoini* Germain.	*Corbicula pusilla* Parreyss.
Corbicula Lacoini Germain.		
Pisidium (*Eupera*) *parasitica* Parreyss.	*Pisidium* (*Eupera*) *Landeroini* Germain.	*Pisidium* (*Eupera*) *parasitica* Parreyss.

[1] Vit dans l'Ouebi, à quelques journées de marche de Moguedouchou.

Ces remarquables concordances indiquent nécessairement d'anciennes connexions fluviales entre le Nil et le Tchad et, selon toutes probabilités, par la dépression du Bahr el Ghazal. Ainsi, les faits zoologiques semblent de plus en plus irréfutables à mesure que se précise notre connaissance de la faune soudanaise, et nous pourrons formuler des conclusions définitives le jour, maintenant prochain, où nous aurons pénétré le mystère du désert Libyque. Cependant nous pouvons, dès maintenant, considérer comme très probable la conception suivante :

A une époque quaternaire récente, la région du Tchad constituait une vaste cuvette lacustre, d'où émergeaient, çà et là, quelques archipels, et dont le

Tchad actuel est le dernier vestige. Cette immense mer intérieure était en communication : d'une part, avec les bassins du Nil et du Congo, d'autre part, avec le bassin du Niger. L'ensablement progressif des tributaires de ce bassin fermé a amené son asséchement partiel, asséchement qui se poursuit encore aujourd'hui, et qui permet d'entrevoir, dans un avenir encore lointain, la disparition complète du lac Tchad.

Ce Mémoire est la mise en œuvre des riches documents recueillis par M. G. Garde, le naturaliste attaché à la Mission de délimitation du Niger-Tchad. Je me suis fait un devoir et un véritable plaisir de dédier les espèces nouvelles à M. Tilho, chef de la mission, et à ses vaillants collaborateurs : MM. les officiers Audoin, Gaillard, Landeroin, Lauzanne, Mercadier, Richard et Vignon, M. G. Garde, naturaliste, qui tous, au milieu des multiples difficultés d'une expédition longue et pénible, ont tenu à recueillir des documents scientifiques de tout premier ordre.

Mai 1910.

GASTÉROPODES PULMONÉS.

FAMILLE DES **ACHATINIDÆ**.

GENRE **Limicolaria**

Limicolaria turriformis Martens.

1895. *Limicolaria turriformis* MARTENS, *Nachricht. deutsch. Malakozool. Gesellsch.;* p. 181.
1898. *Limicolaria turriformis* MARTENS. *Beschalte Weichth. Ost-Afrik.;* p. 120. Taf. IV, fig. 11.
1904. *Limicolaria turriformis* PILSBRY *in* TRYON, *Manual of Conchology;* 2ᵉ série, *Pulmonata;* XVI, p. 296, pl. XXXIII, fig. 30.
1906. *Limicolaria turriformis* GERMAIN, *Bulletin Muséum hist. natur. Paris;* XII, p. 168.
1906. *Limicolaria turriformis* GERMAIN. *Mémoires soc. zoolog. France;* XIX, p. 221.
1907. *Limicolaria turriformis* GERMAIN. *Mollusques ter. fluv. Afrique centrale française;* p. 485.

Le test des exemplaires recueillis est solide, à peu près entièrement déco-loré; il est orné de stries longitudinales obliques, légèrement onduleuses, assez fortes et très irrégulières, coupées de stries spirales très fines, mais cependant bien visibles, principalement sur les premiers tours. Le test apparaît ainsi beaucoup moins fortement granuleux que chez le *Limicolaria turris* Pfeiffer [1].

Hauteur : 73-60-58 millimètres; diamètre maximum : 36-29-29 milli-mètres: diamètre minimum : 32-25-26 millimètres: hauteur de l'ouverture : 33-28-26 millimètres; diamètre de l'ouverture : 19-15-14 1/2 millimètres.

Le premier de ces échantillons correspond à une forme de taille plus grande; ses tours sont plus convexes et son ouverture, proportionnellement moins haute, donne à la coquille un aspect légèrement différent des figures de MARTENS et de PILSBRY.

Quelques spécimens se rapportent à la variété *obesa* Germain [2]. Leurs di-mensions principales sont les suivantes :

Hauteur	61mm.	56mm.	55mm.	53mm.	51mm.
Diamètre maximum	33	31	29	29	27
Diamètre minimum	29	27	26	26	25
Hauteur de l'ouverture	30	28	28	26	25
Diamètre de l'ouverture	16 1 2	15	15	15	14 1 2

Vallée de la Komadougou Yoobé.

[1] PFEIFFER (L.). *Proceed. zoolog. Society London;* 1860, p. 25, Pl. II, fig. 3; et : *Novitates Con-cholog., ser. prima, Mollusca extramarina;* II, 1866, p. 162. Taf. XLIV. fig. 1-3.
[2] GERMAIN (Louis). — Sur les Mollusques recueillis par le capitaine DUPERTHUIS dans le Kanem; *Bulletin Muséum hist. natur. Paris;* XII, 1906, p. 169, fig. 5.

Limicolaria Martensi Smith.

1880. *Achatina (Limicolaria) Martensiana* SMITH. *Proced. zool. Society London;* p. 345.
        pl. XXXI, fig. 1. 1'.
1881. *Limicolaria Martensiana* CROSSE, *Journal de Conchyliologie;* XXIX, p. 297.
1885. *Limicolaria Martensiana* GRANDIDIER. *Bullet. Soc. Malacolog. France;* II. p. 162.
1885. *Limicolaria Martensiana* MARTENS. *Conchol. Mittheil.:* II, p. 189. Taf. XXXIV.
        fig. 1-2.
1886. *Achatina Martensiana* PELSENEER. *Bullet. Mus. roy. hist. natur. Belgique;* IV. p. 104.
1889. *Limicolaria Martensiana* BOURGUIGNAT, *Mollusques Afrique équatoriale;* p. 104.
1893. *Limicolario Martensiana* SMITH. *Proceed. zoolog. soc. London;* p. 634.
1894. *Limicolaria Martensiana* STURANY *in* BAUMANN. *Durch Massailand zur Nilquelle:*
        p. 15.
1895. *Limicolaria Martensiana* KOBELT. *in* MARTINI und CHEMNITZ. *Conchyl. Cabinet;* 2' éd.:
        p. 57, Taf. XVIII. fig. 2-7: Taf. XXI. fig. 2-3.
1897. *Limicolaria Martensiana* MARTENS. *Beschalte Weichth. Ost-Afrikas;* p. 108. Taf. I.
        fig. 10-13.
1904. *Limicolaria Martensi* PILSBRY *in* TRYON. *Manual of Conchology;* 2' série. *Pulmonata:*
        XVI. p. 289, pl. XXXIV. fig. 33-40.
1905-1906. *Limicolaria Martensi* GERMAIN. *Bulletin Muséum hist. natur. Paris;* XI. p. 255:
        et XII (1906), p. 296.
1908. *Limicolaria Martensiana* DAUTZENBERG. *Journal de Conchyliologie:* LVI. p. 13.
1908. *Limicolaria Martensi* GERMAIN. *Mollusques lac Tanganyika et ses environs;* p. 634.

Les échantillons de cette espèce récoltés par M. G. GARDE n'offrent aucun
caractère particulier quant à leur forme ou à leur ornementation picturale. Leur
taille est assez considérable : hauteur : 43-39-38 millimètres: diamètre maximum : 17-18-16 millimètres: diamètre minimum : 16-16-15 1/2 millimètres; hauteur de l'ouverture : 19-16-17 millimètres: diamètre de l'ouverture : 9-8 1/2-9 millimètres.

Est de Kamba. sur les bords du Tchad.

Limicolaria connectens Martens.

1895. *Limicolaria connectens* MARTENS. *Nachrichtsb. Malakozool. Gesellsch.;* p. 183.
1898. *Limicolaria connectens* MARTENS. *Beschalte Weichth. Ost-Afrikas;* p. 102 et p. 112.
        Taf. V. fig. 5-6.
1904. *Limicolaria connectens* PILSBRY *in* TRYON. *Manual of Conchology;* 2' série, *Pulmonata;*
        XVI, p. 293. Pl. XXXI. fig. 8-9.
1905-1906. *Limicolaria connectens* GERMAIN. *Bulletin Muséum hist. natur. Paris;* XI. p. 249:
        XII (1906), p. 58.
1906. *Limicolaria connectens* GERMAIN. *Mémoires soc. zoolog. France;* XIX. p. 221.
1908. *Limicolaria connectens* GERMAIN. *Mollusques terr. fluv. Afrique centrale française:*
        p. 480.

Quelques spécimens sont des jeunes; ils ont, sur leur dernier tour de spire, une carène nettement accentuée qui s'atténue à mesure que l'animal grandit pour disparaître complètement chez l'adulte. Quelques exemplaires seuls conservent alors une très vague indication carénale, sensible d'ailleurs sur les figures du Dr. von Martens.

Le test de cette espèce est d'un magnifique corné pâle brillant. Les stries longitudinales sont fines, un peu irrégulières, coupées par de *rares* et *très fines* stries spirales *localisées sur le haut des tours,* au voisinage des sutures, ce qui rend légèrement granuleux une partie des tours de spire. Ce caractère permet toujours de distinguer facilement cette espèce du *Limicolaria rectistrigata* Smith[1]. De plus, les stries longitudinales sont nettement crispées près des sutures qui paraissent ainsi marginées[2].

Hauteur : 42 millimètres; diamètre maximum : 17 millimètres; diamètre minimum : 15 1/2 millimètres; hauteur de l'ouverture : 19 millimètres; diamètre de l'ouverture : 9 millimètres.

8 kilomètres à l'Est de Kamba.

Famille des **SUCCINEIDÆ.**

Genre **Succinea** Draparnaud.

Succinea Chudeaui Germain.

1907. *Succinea Chudeaui* Germain, *Archives zoolog. expérim.;* 4ᵉ série, VI, p. 128.
1907. *Succinea Chudeaui* Germain, *Bulletin Muséum hist. natur. Paris;* XIII, p. 271, fig. 20.

Cette espèce, découverte par M. R. Chudeau à N'Guigmi, a été retrouvée par M. G. Garde en diverses autres localités des bords du Tchad. Les échantillons recueillis sont bien conformes au type que j'ai précédemment décrit; ils sont seulement de taille un peu plus faible, puisque les plus grands exemplaires n'ont que les dimensions suivantes : hauteur : 7 millimètres; diamètre maximum : 3 1/2 millimètres; diamètre minimum : 3 1/4 millimètres; hauteur de l'ouverture : 5 millimètres; diamètre de l'ouverture : 3 millimètres. Le test est mince, fragile, orné de stries très fines, très obliques et un peu onduleuses.

N'Guigmi, bords du lac Tchad.
N'Gollom, bords du lac Tchad.
Am Raya.

[1] Smith (E. A.). — On the shells of Tanganyika and of the neighbourhood of Ujiji, central Africa; *Proceed. zoolog. Society London;* 1880, p. 346, Pl. XXXI, fig. 2 (*seulement*).
[2] Ce caractère est bien indiqué sur la Pl. V, fig. 5 et surtout fig. 6 des *Beschalte* de von Martens.

Succinea Lauzannei Germain, *nov. sp.* [1].

(Pl. I, fig. 1-2.)

1909. *Succinea Lauzannei* GERMAIN, *Bulletin Muséum hist. natur. Paris;* XV, p. 473.

Coquille très allongée, ovalaire, presque subinguiforme; spire composée de trois tours, le premier extrêmement petit, formant un apex globuleux; le second très petit, globuleux-convexe, le dernier énorme, formant presque toute la coquille, globuleux-convexe; sutures obliques, bien marquées; ouverture très grande, occupant à peu près les 8/9 de la hauteur totale de la coquille, anguleuse en haut, un peu élargie et bien arrondie en bas; columelle subtordue; péristome mince et tranchant.

Hauteur : 12 millimètres; diamètre maximum : 6 millimètres; diamètre minimum : 4 millimètres; hauteur de l'ouverture : 11 millimètres; diamètre de l'ouverture : 5 millimètres.

Test subpellucide, mince, fragile, d'un brun jaunâtre assez clair; stries irrégulières, bien marquées, très obliques et fortement onduleuses.

Cette espèce rappelant, par sa forme générale, le *Succinea haliotidea* Bourguignat [2], tel qu'il a été figuré par A. Locard [3], se rapproche surtout du *Succinea pseudomalonyx* Dupuis et Putzeys [4], du bassin du Congo. Elle s'en distingue par sa forme plus ovalaire, ses tours de spire plus nombreux et plus élevés, son ouverture proportionnellement moins grande et les caractères différents de sa columelle.

Le *Succinea Lauzannei* s'éloigne encore davantage du *Succinea tchadiensis* Germain [5], dont on le séparera : par sa forme générale différente; par sa spire beaucoup plus courte; par son ouverture bien plus grande et sa columelle moins tordue.

N'Guigmi, bords du Tchad.
Kouloa, bords du Tchad.

[1] Les noms des espèces nouvelles sont imprimés en caractères gras, afin de donner plus de lisibilité à ce travail.

[2] BOURGUIGNAT (J.-R.). — *Aperçu sur les espèces françaises du genre Succinea;* 1877, p. 23.

[3] LOCARD (A.). — *Conchyliologie française : les Coquilles terrestres de France;* 1894, p. 25, fig. 20.

[4] DUPUIS (P.) et PUTZEYS (S.). — Diagnoses de quelques espèces de coquilles nouvelles provenant de l'état indépendant du Congo, suivies de quelques observations sur des espèces déjà connues. *Annales (Bulletin des séances) Société royale malacologique Belgique;* t. XXXVI (1901), 1902, p. LIV, fig. 25-26.

[5] GERMAIN (Louis). — *Contributions à la faune malacologique de l'Afrique équatoriale.* X. Mollusques nouveaux du lac Tchad; *Bulletin Muséum hist. natur. Paris;* XIII, 1907, p. 271, fig. 19.

Famille des **LIMNÆIDÆ**.

Genre **Limnæa** de Lamarck.

§ 1.

Limnæa africana Rüppell.

(Pl. 1, fig. 11 à 15.)

1883. *Limnæa africana* Rüppell *in* Bourguignat, *Histoire malacolog. Abyssinie;* p. 95 et p. 126, Pl. X, fig. 99; et *Annales sc. naturelles*, 6ᵉ série, XV, même pagin.

1889. *Limnæa africana* Bourguignat, *Mollusques Afrique équatoriale;* p. 157.

1890. *Limnæa africana* Bourguignat, *Hist. malacologique lac Tanganika;* p. 10, et : *Annales sc. naturelles;* 7ᵉ série, X, p. 10.

1904-1905. *Limnæa africana* Germain, *Bulletin Muséum hist. natur. Paris;* X, p. 346; et XI (1905), p. 251.

1904. *Limnæa africana* Neuville et Anthony, *Bulletin Muséum hist. natur. Paris;* X, p. 519.

1907. *Limnæa africana* Germain, *Mollusques terr. fluv. Afrique centrale française;* p. 494.

1908. *Limnæa africana* Neuville et Anthony, *Annales sc. naturelles;* VIII, p. 201, fig. 3.

1907-1909. *Limnæa africana* Germain, *Bulletin Muséum hist. natur. Paris;* XIII, p. 269 et XV (1909), p. 372.

1910. *Limnæa africana* Germain, *Actes soc. limnéenne Bordeaux;* LXIV, p. 36.

Cette espèce, qui est répandue dans une grande partie de l'Afrique tropicale, est aussi une de celles présentant le plus grand polymorphisme. La forme type, telle qu'elle a été figurée par J.-R. Bourguignat, reste assez rare; on la rencontre cependant dans beaucoup de localités du lac Tchad où elle vit souvent en compagnie du *Limnæa exserta* Martens[1], et de l'espèce que j'ai précédemment décrite sous le nom de *Limnæa Chudeaui* et dont il sera question plus loin.

Je rapporte également au *Limnæa africana* Rüppell, mais à titre de variétés, les Mollusques dont je vais maintenant m'occuper.

Variété **kambaensis** Germain, *nov. var.*

(Pl. I, fig. 11-12.)

Coquille de taille assez grande, différant du type par sa spire un peu plus haute, notablement plus acuminée, avec des tours plus convexes séparés par

[1] Martens (D. E. von). — Ueber einige afrikanische Binnenconchylien. I. Zusätze zur Uebersicht der Mollusken des Nilgebiets; *Malakozool. Blätter;* XIII, p. 101, n° 28, Taf. III, fig. 8-9. [*Limneus natalensis* Krauss, var. *exsertus* Martens.]

des sutures plus profondes. La columelle présente les mêmes caractères, mais l'ouverture est, sur quelques exemplaires, un peu plus élargie à la base.

Hauteur maximum : 20-16-13 1/4 [1] millimètres; diamètre maximum : 11-9-7 [1] millimètres; diamètre minimum : 8 1/2-6 1/2-5 1/2 [1] millimètres; hauteur de l'ouverture : 14-11-9 1/2 [1] millimètres; diamètre de l'ouverture : 7 1/2-6-5 [1] millimètres.

Le test, d'un corné très clair, bien brillant, est orné de stries irrégulières obliques et onduleuses, un peu fortes au dernier tour.

8 kilomètres à l'Est de Kamba, dans le Tchad.

Variété **kouloaensis** Germain, *nov. var.*

(Pl. I, fig. 13-14.)

Par rapport au type, la forme générale de cette variété est beaucoup plus ovoïde, le profil du dernier tour étant régulièrement convexe. L'ouverture est un peu plus élargie à la base et son bord externe, au lieu d'être subrectiligne sur une partie de sa longueur comme dans beaucoup d'échantillons de *Limnæa africana*, est ici bien régulièrement convexe.

Longueur maximum : 16 1/2-16-15-14 millimètres; diamètre maximum : 9-9 1/4-9-8 1/2 millimètres; diamètre minimum : 6 1/2-6 1/2-7-6 millimètres; hauteur de l'ouverture : 13-11 1/2-13-11 1/2 millimètres; diamètre de l'ouverture : 7-6 3/4-7-6 1/2 millimètres.

Le test est mince, subtransparent, d'un corné pâle très brillant, orné de stries ordinairement plus fines que dans le type.

La figure 13 de la pl. I paraît bien éloignée de celle donnée par BOURGUIGNAT, et que j'ai relevée dans ma synonymie; mais, entre les types extrêmes, il est très facile de retrouver tous les intermédiaires.

Dans le lac Tchad, au Nord de Kouloa.

Variété **minor** Germain, *nov. var.*

(Pl. I, fig. 15.)

Coquille plus petite, un peu plus globuleuse; dernier tour mieux arrondi, convexe; test plus épais, plus solide; même sculpture.

Hauteur 8 1/2 millimètres; diamètre maximum : 5 1/2 millimètres; diamètre

[1] Dans ce dernier échantillon, la spire est particulièrement acuminée; de plus, ses tours sont bien convexes, séparés par de profondes sutures lui donnant une apparence légèrement scalariforme.

2

minimum : 4 millimètres; hauteur de l'ouverture : 6 millimètres; diamètre de
l'ouverture : 3 1/2 millimètres.

Kélékorarom, dans le Tchad.

Le type a été recueilli dans les localités suivantes :

> N'Guigmi, entre le poste et le village.
> Kouloa, dans le Tchad.
> Au Nord de Kouloa, dans le Tchad.
> Madiorou, dans le Tchad.
> Intérieur du Tchad, à environ 25 kilomètres du bord Ouest.
> Intérieur du Tchad, à environ 35 kilomètres du bord Ouest.
> Intérieur du Tchad. [Envoi de M. le lieutenant de vaisseau AUDOIN.]
> Kélékorarom, dans le Tchad,
> Kamba, dans le Tchad, à 8 kilomètres à l'Est de Kamba.
> Kabirom, dans le Tchad.
> Hacha (Egueï).

Limnæa Chudeaui Germain.

1907. *Limnæa Chudeaui* GERMAIN, *Archives zoologie expér.*, 4ᵉ série, VI, p. 128.
1907. *Limnæa Chudeaui* GERMAIN, *Bulletin Muséum hist. natur. Paris;* XIII, p. 272, fig. 21.

Cette espèce, surtout voisine du *Limnæa exserta* Martens, s'en distingue par
sa forme moins allongée, ses premiers tours proportionnellement moins élevés,
ses sutures plus profondes et sa columelle moins tordue.

Elle se rapproche aussi du *Limnæa africana* Rüppell, mais elle est constam-
ment de taille plus petite, et son dernier tour plus allongé, plus cylindroïde,
présente un profil plus nettement subrectiligne dans sa partie médiane.

Le *Limnæa Chudeaui* n'est, peut-être, qu'une variété du *Limnæa africana;* je
crois bon cependant de le maintenir comme espèce, parce que, dans l'état
actuel de nos connaissances, nous manquons d'éléments d'appréciation.

Kouloa, dans le Tchad.

Limnæa Vignoni Germain, *nov. sp.*

(Pl. I, fig. 3 à 10.)

1909. *Limnæa Vignoni* GERMAIN, *Bulletin Muséum hist. natur. Paris;* XV, p. 474.

Coquille de forme globuleuse-ovoïde, étroitement ombiliquée; spire aiguë,
composée de 4-5 tours très convexes, à croissance très rapide, séparés par des
sutures profondes; dernier tour très grand, convexe-ventru, notablement élargi

dans le bas et à profil bien arrondi; ouverture grande, peu oblique, subpyriforme allongée, très anguleuse en haut, largement convexe en bas et extérieurement; ombilic étroit, réduit à une longue fente entourée d'une angulosité mousse analogue à celle que j'ai indiquée chez le *Physa (Isidora) tchadiensis* Germain[1]; bord columellaire bien tordu, réfléchi sur l'ombilic; péristome mince et tranchant; bords marginaux réunis par une callosité blanchâtre un peu forte.

Hauteur : 16 millimètres; diamètre maximum : 11 millimètres; diamètre minimum : 6 3/4 millimètres; hauteur de l'ouverture : 11 millimètres; diamètre de l'ouverture : 7 millimètres[2].

Test médiocrement épais, un peu solide, d'un jaune ambré légèrement brillant; stries irrégulières, très obliques, onduleuses et un peu crispées près des sutures, ce qui donne à ces dernières une apparence sensiblement marginée.

Cette nouvelle Limnée se distingue très facilement du *Limnæa africana* :

Par sa forme beaucoup plus globuleuse; par sa spire plus haute, plus acuminée, à tours bien convexes séparés par des sutures plus profondes; par son ombilic entouré d'une angulosité qui manque chez le *Limnæa africana* Rüppell; enfin, par la forme si particulière de son ouverture.

Kouloa, dans le Tchad.
8 kilomètres à l'Est de Kamba, dans le Tchad.
Intérieur du Tchad, à environ 35 kilomètres du bord Ouest.

Variété **minor** Germain, *nov. var.*

(Pl. I, fig. 16.)

Coquille un peu plus globuleuse; test légèrement plus épais; bords réunis par une callosité plus forte.

Hauteur : 9 millimètres; diamètre maximum : 6 millimètres; diamètre minimum : 4 millimètres; hauteur de l'ouverture : 6 1/2 millimètres; diamètre de l'ouverture : 4 1/2 millimètres.

Madiorou, dans le Tchad.

---

[1] Germain (Louis). — Contributions, etc. 1. Note préliminaire sur quelques Mollusques nouveaux du lac Tchad et du bassin du Chari; *Bulletin Muséum hist. natur. Paris;* XI, 1905, p. 485; et *Mollusques terr. fluv. Afrique centrale française;* 1907, p. 497, pl. V, fig. 6.

[2] Voici les dimensions principales de quelques autres exemplaires :

Hauteur	14^{mm}	14^{mm}	13^{mm}
Diamètre maximum	10	9	9
Diamètre minimum	6	7	6 1/2
Hauteur de l'ouverture	10	10	9
Diamètre de l'ouverture	6	6	6

§ 2.

Limnæa tchadiensis Germain.

1905. *Limnæa tchadiensis* GERMAIN, *Bulletin Muséum hist. nat. Paris;* XI, p. 484.
1907. *Limnæa tchadiensis* GERMAIN, *Mollusques terr. fluv. Afrique centrale française;* p. 493,
    pl. V, fig. 3.

Cette espèce, découverte par A. CHEVALIER dans le Sud du lac Tchad, semble rare. La mission TILHO n'a pu en recueillir que peu d'exemplaires. Ils sont un peu plus allongés que le type; leur test est mince, fragile, translucide, d'un jaune blanchâtre pâle un peu brillant; les stries longitudinales sont extrêmement fines, serrées et un peu irrégulières.

Hauteur : 8 millimètres; diamètre maximum : 4 3/4 millimètres; diamètre minimum : 3 3/4 millimètres; hauteur de l'ouverture : 6 millimètres; diamètre de l'ouverture : 3 1/2 millimètres.

Un des caractères le plus net de cette espèce est l'aspect filiforme de sa columelle qui est, en outre, tordue.

Kabirom (Sud-Est du Tchad).
Am Raya (Bahr el Ghazal).

GENRE **Physa** Draparnaud.

§ I. Isidora Ehrenberg.

Le sous-genre *Isidora* développe, dans l'Afrique tropicale et dans l'Afrique mineure, un nombre considérable de formes qui, toutes, appartiennent au groupe du *Physa contorta* Michaud[1]. Cette dernière espèce, qui est abondante au Maroc, en Algérie-Tunisie et en Égypte, n'existe pas dans la faune équatoriale proprement dite; elle y est remplacée par des espèces représentatives très polymorphes. Parmi ces dernières, les plus abondantes dans le lac Tchad sont : les *Physa (Isidora) strigosa* Martens, *Physa (Isidora) tchadiensis* Germain, et *Physa (Isidora) Rohlfsi* Clessin. Beaucoup plus rarement se rencontrent : le *Physa (Isidora) Vaneyi* Germain[2], espèce tout à fait globuleuse; le *Physa (Isidora) Joubini* Germain[3], espèce également globuleuse, mais de taille notablement

---

[1] MICHAUD (A.). — Description Coquilles vivantes; *Actes Soc. linnéenne Bordeaux;* III, 1829, p. 268.
[2] GERMAIN (Louis). — Contributions, etc.; IX : Espèces nouvelles de l'Afrique centrale; *Bulletin Muséum hist. natur. Paris;* 1907, p. 65.
[3] GERMAIN (Louis). — Contributions, etc.; X : Mollusques nouveaux du lac Tchad; *Bulletin Muséum hist. natur. Paris;* 1907, p. 273, fig. 22.

plus grande. Ces dernières Physes conduisent aux espèces à spire complètement planorbique, comme le *Physa (Isidora) truncata* de Férussac[1], et surtout le *Physa (Isidora) trigona* Martens.

Toutes ces Physes ont leurs espèces représentatives dans les autres régions africaines. C'est ainsi que, dans le Nord [Maroc, Algérie-Tunisie, Égypte], la forme normale est représentée par le *Physa (Isidora) contorta* Draparnaud, les formes déprimées par les *Physa (Isidora) Brocchii* Ehrenberg[2], *Physa (Isidora) Brondeli* Bourguignat[3], *Physa (Isidora) Maresi* Bourguignat[4]; enfin, les formes élevées, par les *Physa (Isidora) Dybowskii* Fischer[5], et *Physa (Isidora) Raymondi* Bourguignat[6]. J'ai d'ailleurs récemment montré que la plupart de ces animaux n'étaient que des variations d'une même espèce polymorphe[7].

Dans l'Est africain, nous trouvons, appartenant toujours au même groupe, les *Physa (Isidora) nyassana* Smith[8], *Physa (Isidora) succinoides* Smith[9], *Physa (Isidora) zanzibarica* Clessin[10], *Physa (Isidora) Randabeli* Bourguignat[11], *Physa (Isidora) transversalis* Martens[12], etc...., tandis que, dans l'Ouest africain, vivent les *Physa (Isidora) Guernei* Dautzenberg[13], *Physa (Isidora) Jousseaumei* Dautzenberg[14], espèces très voisines de celles du lac Tchad et des bassins fluviaux voisins (Chari, Congo, etc...); et qu'enfin les rivières de l'Angola nourissent le *Physa (Isidora) angolensis* Morelet[15], espèce représentative du *Physa (Isidora) Vaneyi* Germain, et le *Physa (Isidora) Welwitschi* Morelet[16], qui représente, dans ces contrées, le *Physa (Isidora) succinoides* Smith, du lac Nyassa.

---

[1] Férussac (De), *in* Bourguignat (J.-R.). — *Aménités malocologiques;* I, 1856, p. 170, pl. XXI, fig. 5-7.

[2] Ehrenberg. — *Symbol. physic.; descript. animal.,* etc., 1831, n° 4.

[3] Bourguignat (J.-R.). — *Loc. supra cit.;* I, 1856, p. 173, pl. XXI, fig. 11-13.

[4] Bourguignat (J.-R.). — *Paléontologie des Mollusques terrestres et fluviatiles de l'Algérie;* Mai 1862; p. 86, pl. V, fig. 17-18 (*Physa Maresi*).

[5] Fischer (P.). — Mollusques; *in* Dybowski (J.). — L'extrême sud algérien; contribution à l'hist. natur. de cette région; *Nouv. archives missions scient. et litt.;* I, 1892, p. 365, pl. III, fig. 4. 4 a. [*Bulinus (Isidora) Dybowskii.*]

[6] Bourguignat (J.-R.). — *Aménités malacologiques;* I, 1856, p. 172, pl. XXI, fig. 8-10.

[7] Germain (Louis). — *Mollusques Kroumirie, in* Gadeau de Kerville (H.). — *Voyage zoologique en Kroumirie (Tunisie);* 1908, p. 251 et suiv., pl. XXX, fig. 1-7.

[8] Smith (E.-A.). — *Proceed. zoolog. Society of London;* 1877, p. 716, pl. LXXV, fig. 16-17.

[9] Smith (E.-A.). — *Proceed zoolog. Society of London;* 1877, p. 718, pl. LXXV, fig. 19-20.

[10] Clessin (S.), *in* Martini et Chemnitz, *System. Conchylien Cabinet;* 1886, p. 362, Taf. LI, fig. 5.

[11] Bourguignat (J.-R.). — *Histoire malacologique lac Tanganika;* 1890, p. 12, pl. I, fig. 26-27.

[12] Martens (Dr E. von). — *Beschalte Weichth. Ost-Afrik.;* 1898, p. 139, Taf. VI, fig. 9.

[13] Dautzenberg (Ph.). — Récoltes malacologiques de M. le cap. Em. Donn, dans le Haut-Sénégal et le Soudan français, de 1886 à 1889; *Mémoires Société zoologique France;* III, 1890, p. 133, pl. 1, fig. 11a-11b (*Isidora Guernei*).

[14] Dautzenberg (Ph.). — *Loc. supra cit.;* III, 1890, p. 132, pl. I, fig. 10a-10b (*Isidora Jousseaumei*).

[15] Morelet (A.). — *Mollusques terr. fluv. voyage Welwitsch;* 1868, p. 88, n° 62, pl. IX, fig. 9.

[16] Morelet (A.). — *Loc. supra cit.;* 1868, p. 88, n° 63, pl. IX, fig. 8.

Bien entendu, nous sommes loin d'être fixés sur la valeur de toutes ces espèces et sur les relations qu'elles ont entre elles; il faudrait, pour cela, posséder de nombreux matériaux de comparaison qui font actuellement défaut. Mais il semble se dégager de l'étude comparative de la distribution géographique et des caractères morphologiques de ces Physes, qu'elles dérivent toutes d'un même type spécifique, voisin de *Physa (Isidora) contorta* Michaud, et actuellement en pleine évolution.

Physa (Isidora) trigona Martens.

(Pl. I, fig. 26, 27, 28 et fig. 31-32.)

1892. *Physa trigona* MARTENS, *Sitz. ber. d. Gesellsch. natur. Freunde;* p. 17.
1898. *Isidora trigona* MARTENS, *Beschalte Weichth. Ost-Africk;* p. 138, Taf. VI, fig. 8 (et fig. de la radula, p. 138).
1907. *Physa (Isidora) trigona* GERMAIN, *Mollusques terr. fluv. Afrique centrale française;* p. 495.

M. le Dr THIELE, du Musée zoologique de Berlin, a eu l'amabilité de me communiquer d'excellents types de cette espèce [pl. I, fig. 31-32], d'après lesquels j'ai rédigé la description suivante :

Coquille de forme nettement trigone; spire extra-courte, absolument pla-norbique en dessus, composée de 3 1/2 à 4 tours, le dernier formant presque toute la coquille, *dépassant le sommet;* ouverture très grande, *atteignant le sommet de la spire,* ovalaire allongée, à peine élargie dans le bas, subanguleuse en haut, bien arrondie en bas; ombilic très étroit, en fente allongée; péristome tranchant, bord columellaire réfléchi sur l'ombilic; columelle subrectiligne; bords réunis par une callosité blanche bien marquée.

Hauteur totale : 8-9 millimètres; diamètre : 7-8 millimètres; diamètre minimum : 5-5 1/2 millimètres; hauteur de l'ouverture : 9-8 3/4 millimètres; diamètre de l'ouverture : 5-4 millimètres.

Test assez solide, corné clair, orné de stries irrégulières, peu marquées.

Cette espèce possède un caractère très particulier : sa spire est, en dessus, tellement plate, que la coquille reste parfaitement en équilibre lorsqu'on la fait reposer sur son sommet. Ce fait ne s'observe jamais chez une espèce voisine, le *Physa (Isidora) strigosa* Martens[1], dont le *Physa (Isidora) trigona* se distingue encore :

Par sa forme plus trigone, beaucoup mieux atténuée dans le bas; par sa *spire absolument planorbique;* par son ouverture bien plus ample, *atteignant le sommet;* enfin, par ses sutures moins obliques.

Les exemplaires recueillis par M. G. GARDE présentent bien ces caractères.

---

[1] Ni chez les *Physa (Isidora) Randabeli* Bourguignat, et *Physa (Isidora) Coulboisi* Bourguignat.

mais, le plus souvent, l'ouverture est moins développée en hauteur et n'atteint pas toujours le sommet (pl. I , fig. 26-27-28). La taille est légèrement plus petite : hauteur totale : 7 1/2-8 millimètres; diamètre maximum : 6 millimètres; diamètre minimum : 4 1/2-5 millimètres; hauteur de l'ouverture : 7 1/4-7 3/4 millimètres; diamètre de l'ouverture : 4 1/2-5 millimètres.

N'Guigmi, dans le lac Tchad.
Nord de Kouloa, dans le lac Tchad.
A 8 kilomètres à l'Est de Kamba, dans le lac Tchad.

Physa (*Isidora*) *strigosa* Martens.

(Pl. 1, fig. 23-24, et fig. 29-30.)

1892. *Physa nyassana?* Smith, *Annals and magaz. natur. history;* 6ᵉ série, X, n° 56, p. 123.
1898. *Isidora strigosa* Martens, *Beschalte Weichth. Ost-Afrik.;* p. 139, Taf. VI, fig. 11.
1906. *Physa* (*Isidora*) *strigosa* Germain, *Mémoires Société zoologique France;* XIX, p. 224.
1907. *Physa* (*Isidora*) *strigosa* Germain, *Mollusques terr. fluv. Afrique centrale française;* p. 496.
1909. *Physa* (*Isidora*) *strigosa* Germain, *Bulletin Muséum hist. natur. Paris;* p. 373.
1910. *Physa* (*Isidora*) *strigosa* Germain, *Actes Soc. linnéenne Bordeaux;* LXIV, p. 37, pl. I, fig. 1.

Coquille de forme ovalaire-subtrigone; spire courte, composée de 3 1/2-4 tours, les premiers presque planorbiques, le dernier formant presque toute la coquille et atteignant à peu près le sommet; ouverture très grande, *n'atteignant pas le sommet de la spire,* ovalaire, un peu élargie et arrondie en bas, anguleuse en haut; ombilic en fente allongée; bord columellaire réfléchi sur l'ombilic; péristome tranchant; bords marginaux réunis par une callosité blanche très accentuée.

Hauteur : 7 1/4 millimètres; diamètre maximum : 6 millimètres; diamètre minimum : 4 millimètres; hauteur de l'ouverture : 6 millimètres; diamètre de l'ouverture : 4 millimètres.

Test assez solide, d'un corné clair, orné de stries obliques peu accentuées.

La description précédente a été faite sur les exemplaires originaux du Dʳ E. von Martens [pl. I, fig. 29-30] qui m'ont été obligeamment communiqués par le Dʳ Thiele, du Musée zoologique de Berlin. Mais le type, tel que je viens de le décrire, est excessivement variable et nombre d'exemplaires constituent d'excellents termes de passage au *Physa* (*Isidora*) *Randabeli* Bourguignat [= *Physa* (*Isidora*) *Coulboisi* Bourguignat]. Il est à peu près certain qu'il faudra, par la suite, réunir ces deux coquilles.

Je donne, dans le tableau suivant, les dimensions principales de quelques exemplaires de *Physa* (*Isidora*) *strigosa* Martens, appartenant à deux colonies différentes. La première habitait Kouloa, la seconde vivait à N'Guigmi (lac Tchad). Les mensurations sont exprimées en millimètres.

NUMÉROS DES COLONIES.	HAUTEUR TOTALE.	DIAMÈTRE		HAUTEUR de L'OUVERTURE.	DIAMÈTRE de L'OUVERTURE.
		MAXIMUM.	MINIMUM.		
	millimètres.	millimètres.	millimètres.	millimètres.	millimètres.
I Première colonie.....	10 1/2	9	6	9	5
	10	8	6	7 1/2	4 1/2
	10	7 1/2	5 1/2	8	4 1/2
	10	8 1/4	5 1/2	7 1/2	4 1/4
	9	8	5	6	4 3/4 [1]
	9	7	5	8	4 3/4
	9	8	5	6	3 1/2
	8	6 1/2	4 3/4	7	4
	8	6	4 1/2	6	4
	7	6	4	6	3 1/4
II Seconde colonie......	8 1/4	6 1/2	4 3/4	7	4
	8	6 1/2	5	6	4
	8	5 3/4	4 1/4	6	3 3/4
	7	5 1/2	4	5 1/2	3
	7	5 1/4	4	5 1/2	3
	6	4	3 1/4	5	3

[1] Forme passant au *Physa* (*Isidora*) *transversalis* Martens.

L'examen de ce tableau montre combien la taille est variable, même dans une seule colonie. Il en est de même de l'allure de la spire, qui permet de distinguer des mutations *elata*, *globosa* (Pl. I, fig. 25), *alta*, etc.; l'ombilic présente les modes *pervius* et *microporus*; enfin l'ouverture, les modes *oblonga*, *subcirculus* et même, bien plus rarement, *circulus*. Quant à la forme générale, elle est tantôt nettement trigone[1], tantôt plus ovalaire[2], avec, d'ailleurs, d'innombrables formes de passage.

Je figure ici (pl. II, fig. 18, 19, 20, 21) quelques individus de *Physa* (*Isidora*) *strigosa* Martens, dont le labre est épanoui à la façon des Limnées françaises appartenant au groupe du *Limnæa stagnalis* Linné. On voit combien cette déformation change l'aspect général de la coquille; il en résulte quelque

[1] Comme dans la figure 11, pl. VI, des *Beschalte Weichth. Ost-Afrik.* de von MARTENS.

[2] Elle correspond alors parfaitement à la figure donnée par J.-R. BOURGUIGNAT de son *Physa Randabeli* [*Histoire malacologique lac Tanganika*; 1890, pl. I, fig. 26-27].

chose de très analogue à l'espèce décrite et figurée par le Dr E. von Martens sous
le nom d'*Isidora transversalis*[1].

Enfin, au point de vue du test, quelques spécimens possèdent une sculpture
particulièrement accentuée : les stries d'accroissement sont fortes, plus régulières et beaucoup plus saillantes que chez les individus normaux. De tels
exemplaires constituent une variété *ex sculpta* parfaitement nette; je lui attribue
le nom de variété **subcostulata** Germain, *nov. var.* (Pl. I, fig. 17-18).

> Bosso, dans le lac Tchad.
> Zone sableuse, entre Bosso et l'embouchure de la Komadougou-Yoobé (lac Tchad).
> N'guigmi, entre le lac Tchad et le village.
> Garoa, dans le lac Tchad.
> Kouloa, dans le lac Tchad.
> Au Nord de Kouloa, dans le lac Tchad.
> A 7 kilomètres à l'Est de Kouloa, dans le lac Tchad.
> N'Gollom, dans le lac Tchad.
> Intérieur du Tchad, à 20 kilomètres à l'Ouest de N'Gollom.
> Intérieur du Tchad. [Envoi de M. le lieutenant de vaisseau Audoin].
> Intérieur du Tchad, à 35 kilomètres du bord Ouest.
> Kélékorarom, dans le lac Tchad.
> 7 kilomètres à l'Est de Kamba, dans le lac Tchad.
> Kabirom, dans le lac Tchad.
> Au Sud de Am-Raya (Bahr el Ghazal).
> Hacha (Egueï).
> Ali Agrenga (Egueï)[2].
> Koukourdeye (Egueï).
> Entre Ouani et Hangara (Moji).

Physa (Isidora) tchadiensis Germain.

1905. *Physa (Isidora) tchadiensis* Germain, *Bulletin Muséum hist. natur. Paris;* XI, p. 425.

1906. *Physa (Isidora) tchadiensis* Neuville et Anthony, *Bulletin soc. philomat. Paris;*
    9ᵉ série, VIII, p. 10, pl. XII.

1906. *Physa (Isidora) tchadiensis* Germain, *Mémoires soc. zoologique France;* XIX, p. 225,
    pl. IV, fig. 3-6.

1907. *Physa (Isidora) tchadiensis* Germain, *Mollusques terr. fluv. Afrique centrale fran-
    çaise;* p. 497, pl. V, fig. 6 (var. *regularis*).

1909. *Physa (Isidora) tchadiensis* Germain, *Bulletin Muséum hist. natur. Paris;* XV, p. 373.

1910. *Physa (Isidora) tchadiensis* Germain, *Bulletin Muséum hist. natur. Paris;* XVI,
    p. 207.

Cette espèce est souvent très abondante dans le lac Tchad, où elle vit en
compagnie du *Physa (Isidora) strigosa* Martens, dont elle se distingue :

Par sa forme plus élevée, sa spire plus haute, à tours plus convexes, séparés

---

[1] Martens (Dr E. von). — *Beschalte Weichth. Ost-Afrik.,* 1898; p. 139, Taf. VI, fig. 9.
[2] Exemplaires jeunes, que je ne rapporte qu'avec doute au *Physa (Isidora) strigosa* Martens.

par de profondes sutures; par son ouverture proportionnellement beaucoup plus petite; enfin, par les caractères très particuliers de son ombilic. Chez le *Physa* (*Isidora*) *tchadiensis* Germain, l'ombilic, bien que réduit à une fente très étroite, paraît large, parce qu'il est bordé, à une distance plus ou moins grande suivant les échantillons, par une saillie très apparente du dernier tour, rappelant, en petit, l'angulosité qui entoure l'ombilic chez les *Lanistes* du groupe uu *Lanistes lybicus* Morelet.

> N'Guigmi, dans le lac Tchad.
> N'Guigmi, entre le poste et le village, dans le lac Tchad.
> Garoa, dans le lac Tchad.
> Kouloa, dans le lac Tchad.
> A une dizaine de kilomètres au Nord de Kouloa.
> N'Gollom, dans le lac Tchad.
> Kiudjiria, dans le lac Tchad.
> Madiorou, dans le lac Tchad.
> Intérieur du Tchad, à une dizaine de kilomètres à l'Ouest de N'gollom.
> Intérieur du Tchad, à 35 kilomètres du bord Ouest.
> Kélékorarom.
> A 8 kilomètres à l'Est de Kamba.
> Kabirom (Sud-Est du Tchad).
> Koukourdeye [Egueï].
> Entre Ouani et Hangara [Moji].

§ II. **Pyrgophysa** Crosse.

Physa (*Pyrgophysa*) *Dautzenbergi* Germain.

1905. *Physa* (*Pyrgophysa*) *Dautzenbergi* GERMAIN, *Bulletin Muséum hist. natur. Paris;* XI, p. 486.

1907. *Physa* (*Pyrgophysa*) *Dautzenbergi* GERMAIN, *Mollusques terr. fluv. Afrique centrale française;* p. 501, pl. V, fig. 7.

Cette espèce est assez répandue dans le Tchad où elle vit en colonies toujours moins populeuses que celles constituées par les Physes du sous-genre *Isidora*. Le test est café au lait clair[1], assez brillant, orné de stries fines, presque régulières. Sur quelques exemplaires, on observe un méplan subsutural vers le haut des tours de spire.

> N'Guigmi, dans le Tchad.
> N'Guigmi (lac Tchad), entre le poste et le village.
> Nord de Kouloa, dans le Tchad.
> N'Gollom, dans le Tchad.
> Madiorou, dans le Tchad.

---

[1] Presque tous les Pulmonés du Tchad ont le test café au lait clair; ce fait, d'ordre général, est à rapprocher de celui du même ordre observé dans le lac Tanganyika, où le test des Pélécypodes

Genre **Planorbis** Guettard.

§ 1.

Planorbis sudanicus Martens.

1870. *Planorbis sudanicus* Martens, *Malakozool. Blätter;* XVIII, p. 35.
1871. *Planorbis sudanicus* Martini, in Pfeiffer, *Novitates Concholog.;* IV, p. 23, n° 694,
       Taf. CXIV, fig. 6-9.
1874. *Planorbis sudanicus* Martens, *Malakozool. Blätter;* XXI, p. 41.
1880. *Planorbis sudanicus* Smith, *Proceed. zool. soc. London* (20 avril); p. 349.
1881. *Planorbis sudanicus* Smith, *Proceed. zoolog. soc. London* (15 février); p. 294.
1881. *Planorbis sudanicus* Crosse, *Journal de Conchyliologie;* XXIX, p. 109 et p. 278.
1886. *Planorbis sudanicus* Clessin, in Martini und Chemnitz, *Syst. Conchyl. Cabin.;*
       Limnœiden; p. 135, Taf. XXII, fig. 5.
1888. *Planorbis sudanicus* Smith, *Proceed. zool. soc. London;* p. 55.
1888. *Planorbis sudanicus* Bourguignat, *Iconogr. malacolog. lac Tanganika;* pl. 1, fig. 13-15.
1890. *Planorbis sudanicus* Bourguignat, *Histoire malacolog. lac Tanganika;* p. 15, pl. 1,
       fig. 13-15; et *Annales sc. naturelles;* X, même pagin.
1896. *Planorbis sudanicus* Sturany, in Baumann, *Durch Massailand zur Nilquelle;* p. 14,
       Taf. I, fig. 10, 14 et 29 (var. *magnus*).
1898. *Planorbis sudanicus* Martens, *Beschalte Weichth. Ost-Afrik.;* p. 146, Taf. 1, fig. 17.
1904. *Planorbis sudanicus* Smith, *Proceed. malacol. soc. London;* VI, n° 2, p. 98.
1905. *Planorbis sudanicus* Germain, *Bulletin Muséum hist. natur. Paris;* p. 253.
1906. *Planorbis sudanicus* Germain, *Mémoires soc. zoolog. France;* XIX, p. 223.
1906. *Planorbis sudanicus* Smith, *Proceed. zool. soc. London;* p. 184, n° 3, et p. 185, n° 1.
1907. *Planorbis sudanicus* Germain, *Mollusques Afrique centrale française;* p. 504.

Les échantillons recueillis par M. G. Garde sont d'assez forte taille, puisqu'ils mesurent 13 millimètres de diamètre maximum pour 11 millimètres de diamètre minimum et 4 millimètres d'épaisseur; ils sont donc, en outre, un peu plus comprimés que les exemplaires du Chari récoltés par M. A. Chevalier.

Le test est café au lait clair, aussi brillant en dessus qu'en dessous; les stries sont fines[1] et délicates[2], serrées, irrégulières, bien plus obliques et onduleuses dessus que dessous.

N'Guigmi (lac Tchad).

est presque toujours d'un rouge vineux très brillant [Germain (Louis). — Recherches sur la faune malacologique de l'Afrique équatoriale, *Archives zoologie expérim. génér.;* 5° série, I, 1909, p. 47.

[1] Surtout à la face inférieure de la coquille.
[2] Sauf aux environs de l'ouverture où les stries deviennent fortes et irrégulières.

Planorbis tetragonostoma Germain.

1905. *Planorbis tetragonostoma* Germain, *Bulletin Muséum hist. natur. Paris;* p. 466.
1907. *Planorbis tetragonostoma* Germain, *Mollusques Afrique centrale française;* p. 506,
  pl. V, fig. 10-11.

Cette espèce diffère du *Planorbis sudanicus* Martens, par sa croissance spirale
plus régulière, avec des tours plus serrés; par sa concavité supérieure tout à
fait centrale et, surtout, par son ouverture verticale ne dépassant pas, en dessus,
le plan du dernier tour de spire. Cette ouverture est de forme subrectangulaire,
plus large que haute.

Diamètre maximum : 11 millimètres; diamètre minimum : 9 millimètres;
épaisseur maximum : 2 3/4 millimètres.

L'examen de ces mensurations montre que, proportionnellement, le *Planorbis
tetragostoma* possède une coquille moins haute, moins épaisse, que celle du
Planorbis sudanicus.

Le test est le même dans les deux espèces : ce sont ici encore des stries très
obliques, irrégulières, un peu onduleuses et moins fortes en dessous qu'en
dessus.

Nord de Kouloa (lac Tchad).
Kélékorarom, dans le Tchad.
Kamba, dans le Tchad; à 7 kilomètres à l'Est de Kamba.

§ 2

Planorbis Bridouxi Bourguignat.

(Pl. I, fig. 20, 21, 22; et pl. II, fig. 1, 2, 3 et 4.)

1888. *Planorbis Bridouxianus* Bourguignat, *Iconogr. malacol. lac Tanganika;* pl. I,
  fig. 9-12.
1890. *Planorbis Bridouxianus* Bourguignat, *Histoire malacolog. lac Tanganika;* p. 20,
  pl. I, fig. 9-12, et *Annales sc. natur.;* 7ᵉ série, X, même pagin.
1898. *Planorbis Bridouxianus* Martens, *Beschalte Weichth. Ost-Afrik.;* p. 147.
1904. *Planorbis Bridouxianus* Smith, *Proceed. malacolog. society London;* IV, n° 2, p. 98.
1904. *Planorbis Bridouxi* Germain, *Bulletin Muséum. hist. natur. Paris;* X, p. 349 et
  p. 350.
1905. *Planorbis Bridouxi* Germain, *loc. cit.;* XI, p. 253 et p. 256.
1905. *Planorbis Bridouxi* Germain, *in* Foureau, *Document. scientif. Mission saharienne;* II,
  p. 1061.
1907. *Planorbis Bridouxi* Germain, *Mollusques Afrique centrale française;* p. 509.
1908. *Planorbis Bridouxi* Neuville et Anthony, *Annales sc. natur.;* VIII, p. 253, fig. 2.
1909. *Planorbis Bridouxi* Germain, *Bulletin Muséum hist. natur. Paris;* XV, p. 374.

1909. *Planorbis Bridouxi* Smith, *Transactions of the zoolog. soc. London;* XIX, p. 47,
  n° 14.
1910. *Planorbis Bridouxi* Germain, *Actes soc. linnéenne Bordeaux;* LXIV, p. 39, pl. 1,
  fig. 11-12, 17-18.

Le *Planorbis Bridouxi* est une des espèces les plus répandues dans l'Afrique
tropicale. On l'observe depuis le Nil jusqu'au Sénégal [1], en passant par le
Chari, le lac Tchad et le Niger. Il vit également en Abyssinie [2], dans la région
des lacs (Victoria-Nyanza, Tanganika, etc.) et jusque dans les étangs des
pentes du Ruwenzori [3]. Mais c'est certainement dans le Tchad et les contrées
voisines (mares et marigots de l'Azaouad, des environs de Tombouctou, etc.)
qu'il paraît le plus abondant. Fait curieux, il n'a pas été, jusqu'ici, recueilli
dans le bassin du Congo.

Les très nombreux matériaux recueillis par M. G. Garde montrent que le
Planorbis Bridouxi Bourguignat se présente toujours, dans la région du Tchad,
avec des caractères ne permettant pas de le confondre avec les espèces voisines [4]. Il n'en est pas de même dans les contrées orientales de l'Afrique et,
notamment, en Abyssinie, où le *Planorbis Bridouxi* Bourguignat, toujours plus
rare, est, en outre, beaucoup moins typique. C'est pour cette raison que j'ai dis-
tingué, sous le nom de *forma orientalis* [5], la coquille de l'Abyssinie, de la région des lacs et d'une partie du bassin du Chari. Cette coquille présente, avec
les espèces voisines et surtout avec le *Planorbis adowensis* Bourguignat [6], des
formes de passages assez nombreuses signalées par Germain [7] d'abord, par
Neuville et Anthony [8] ensuite.

Les jeunes ont une forme beaucoup plus globuleuse que les adultes. Leur
dernier tour présente une carène supérieure et une carène basale très marquées;
l'ouverture est alors semi-lunaire, très développée, dépassant le dernier tour
aussi bien en dessus qu'en dessous (pl. II, fig. 1, 2, 3 et 4). Ce n'est que dans la
suite du développement que le dernier tour se dilate à son extrémité.

[1] MM. Chudeau et Gruvel ont recueilli le *Planorbis Bridouxi* à Boguent (Mauritanie, dans la
zone d'inondation du Sénégal).
[2] Neuville (H.) et Anthony (R.). — Recherches sur les Mollusques d'Abyssinie; *Annales sc. naturelles; Zoologie;* VIII, 1908, p. 253, fig. 2.
[3] Smith (E. A.). — Ruwenzori Expedition reports. Mollusca; *Transactions of the Zoological soc.
London;* XIX, octobre 1909, p. 47.
[4] Le *Planorbis Bridouxi* Bourguignat semble, dans le région du Tchad, tenir à la fois la place
des *Planorbis Bridouxi* Bourguignat, *Pl. adowensis* Bourguignat et *Pl. Rüppelli* Dunker, de l'Abyssinie et du Haut-Nil.
[5] Germain (Louis). — Sur quelques mollusques terrestres et fluviatiles rapportés par M. Ch. Gra-
vier du désert Somali; *Bulletin Muséum hist. natur.,* 1904, p. 349.
[6] Bourguignat (J.-R.). — *Description... de Mollusques de l'Égypte, de l'Abyssinie, de Zanzibar,
du Sénégal et du centre de l'Afrique;* Paris, 1879, p. 11.
[7] Germain (Louis). — Les Mollusques terrestres et fluviatiles de l'Afrique centrale française; in
Chevalier (A.). — *L'Afrique centrale française;* 1907, p. 509.
[8] Neuville (H.) et Anthony (R.). — *Loc. supra cit.;* 1908, p. 255.

La taille varie dans d'assez grandes proportions. Voici le tableau des principales dimensions d'un certain nombre d'exemplaires :

| NUMÉROS des ÉCHANTILLONS. | DIAMÈTRE | | ÉPAISSEUR. | HAUTEUR de L'OUVERTURE. | DIAMÈTRE de L'OUVERTURE. |
	MAXIMUM.	MINIMUM.			
	millimètres.	millimètres.	millimètres.	millimètres.	millimètres.
1	11 1/2	9	4 1/2	6	5 1/2
2	11	9	4 1/2	5	5
3	11	9	4 1/2	5	5 1/2
4	10	7 1/2	3 1/4	3	4
5	10	7 1/2	4	4 1/2	5
6	9	6	3 1/2	4	4 1/4
7	8 1/2	6 1/4	3 1/4	4	4
8	8 1/4	6	3 1/4	3 1/2	4
9	8	6	3 1/2	3	4
10	8	6	3 1/4	4	4
11	7 3/4	6	3	3	4
12	7	5	3	3	4
13	7	5 1/4	3 1/4	3	4
14	6 1/2	4 1/2	3	3	3 1/2
15	6	4 1/2	3	2 1/4	3
16	6	4	3	2 1/4	3 1/2

La taille maximum est atteinte par les exemplaires de l'intérieur du Tchad (var. *major*). Les échantillons de l'Egueï restent petits; de plus, leur épaisseur est, proportionnellement, plus faible; il y a déjà tendance au passage vers les formes du *Planorbis adowensis* Bourguignat[1].

Variété *major* Germain.

(Pl. I, fig. 22.)

1904. *Planorbis Bridouxi* Bourguignat, var. *major* Germain, *Bulletin Muséum hist. natur. Paris;* p. 351 (note 2).

1905. *Planorbis Bridouxi* Bourguignat, var. *major* Germain, *Bulletin Muséum hist. natur. Paris;* p. 253.

1907. *Planorbis Bridouxi* Bourguignat, var. *major* Germain, *Mollusques terr. fluv. Afrique centrale française*, p. 510.

Cette belle coquille, recueillie dans l'intérieur du Tchad par M. le lieutenant de vaisseau Audoin, présente, à la taille près, tous les caractères du *Pla-*

---

[1] Cette remarque vient à l'appui de ce que je disais dans l'introduction de ce mémoire: la faune de l'Egueï est plus voisine de celle du Nil que de la faune du Tchad.

norbis *Bridouxi* typique [1]. Son test est assez épais, solide, brillant [2], orné de stries un peu fortes, irrégulières, ondulées et très obliques. Le péristome est notablement encrassé et les bords de l'ouverture, bien convergents, sont réunis par une callosité blanche bien marquée.

Diamètre maximum : 14 1/4 millimètres; diamètre minimum : 10 1/4 millimètres; épaisseur maximum, 4 3/4 millimètres; diamètre de l'ouverture, 6 millimètres; hauteur de l'ouverture, 6 millimètres.

> N'Guigmi, dans le Tchad.
> N'Guigmi, dans le Tchad entre le poste et le village.
> Intérieur du Tchad (envoi de M. le lieutenant de vaisseau Audoin).
> Intérieur du Tchad, à 30 kilomètres du bord Ouest.
> Intérieur du Tchad, à 35 kilomètres du bord Ouest.
> Bosso, dans le Tchad.
> Zone sableuse entre Bosso et l'embouchure de la Komadougou-Yoobé (lac Tchad).
> Kouloa, dans le Tchad.
> Nord de Kouloa, dans le Tchad.
> Madiorou, dans le Tchad.
> Kélékorarom, dans le Tchad.
> Kabirom (Sud-Est du Tchad).
> Am Raya (Bahr el Ghazal).
> Au Sud de Am Raya (Bahr el Ghazal).
> Hacha (Egueï).
> Koukourdeye (Egueï).
> Ali Agrenga (Egueï).

§ 3.

Planorbis Chudeaui Germain.

1907. *Planorbis Chudeaui* Germain, *Archives zoologie expérim.;* 4e série, VI, p. 128.
1907. *Planorbis Chudeaui* Germain, *Bulletin Muséum hist. natur. Paris;* p. 274, fig. 23.

Cette coquille, découverte par M. R. Chudeau à N'Guigmi, a été retrouvée dans la même localité par M. G. Garde. Les exemplaires rapportés sont d'assez petite taille; ils ne mesurent, en effet, que 4 à 4 1/4 millimètres de diamètre maximum pour 3 1/4 millimètres de diamètre minimum et 0.75 millimètre de hauteur. Le test, un peu jaunacé, est finement strié.

> N'Guigmi, dans le Tchad.
> Am Raya (Bahr el Ghazal).

[1] Cependant la variété *major* est, toutes proportions gardées, moins épaisse que le type de taille normale. D'ailleurs, l'épaisseur du *Planorbis Bridouxi* est d'autant *plus faible que l'animal a atteint un développement plus complet.* J'ai représenté (pl. II, fig. 1 à 4) quelques jeunes individus : on voit que leur coquille est *très haute, très épaisse* par rapport au diamètre maximum. Lorsque l'animal grandit, la coquille s'accroît surtout en diamètre, sans gagner en hauteur dans les mêmes proportions. L'inspection du tableau des mensurations donné à la page précédente montre la généralité de cette remarque.

[2] Aussi brillant en dessus qu'en dessous.

§ 4.

Planorbis Gardei Germain, *nov. sp.*

(Pl. I, fig. 33-34-35.)

1909. *Planorbis Gardei* Germain, *Bulletin Muséum hist. natur. Paris;* p. 475.

Coquille petite, bien déprimée, légèrement subconvexe en dessus, convexe en dessous, avec une dépression ombilicale régulière et assez large; spire composée de 4 1/2-5 tours à croissance rapide, le dernier très grand, nettement dilaté à son extrémité, à peu près aussi convexe en dessus qu'en dessous, ornée d'une carène absolument médiane et assez aiguë; sutures très accusées, plus profondes en dessus qu'en dessous; ouverture très oblique, presque régulièrement elliptique, à bords marginaux extrêmement rapprochés et très convergents; péristome simple et aigu.

Diamètre maximum : 5-6 millimètres; diamètre minimum : 4-4 3/4 millimètres; épaisseur maximum : 1 1/4 millimètres; diamètre de l'ouverture : 2-2 1/4 millimètres; hauteur de l'ouverture : 1 3/4-2 millimètres.

Test un peu mince, relativement solide, d'un jaune ambré à peine brillant; stries bien marquées, très serrées et fort obliques en dessus, plus fines et beaucoup moins obliques en dessous.

La taille paraît un peu variable. Quelques rares exemplaires de N'Guigmi (lac Tchad) mesurent :

Diamètre maximum : 7 millimètres; diamètre minimum : 5 millimètres; épaisseur : 1 1/4 millimètres; diamètre de l'ouverture : 2 1/2 millimètres; hauteur de l'ouverture : 2 1/2 millimètres.

Cette espèce est très différente de toutes celles signalées jusqu'ici en Afrique. Elle se sépare très facilement du *Planorbis apertus* Martens[1], par son dernier tour caréné, sa forme beaucoup plus aplatie et son enroulement différent.

On ne peut guère comparer le *Planorbis Gardei* au *Planorbis Chudeaui,* qui est caractérisé par un enroulement lent et *très régulier,* assez analogue à celui du *Planorbis rotundatus* Poiret, de la faune française.

> Bosso, dans le lac Tchad.
> N'Guigmi, dans le lac Tchad.
> Madiorou, dans le lac Tchad.
> Am Raya (Bahr el Ghazal).
> Au sud de Am Raya (Bahr el Ghazal).

---

[1] Martens (Dr E. von). — *Beschalte Weichth. Ost-Afrik.;* 1898, p. 149, Taf. VI, fig. 17.

Genre **Planorbula** Haldeman.

Planorbula tchadiensis Germain.

(Pl. I, fig. 19.)

1904. *Planorbula tchadiensis* GERMAIN, *Bulletin Muséum hist. natur. Paris;* X, p. 467.
1905. *Planorbula tchadiensis* GERMAIN, *loc. cit.;* XI, p. 253.
1906. *Planorbula tchadiensis* GERMAIN, *Mémoires soc. zoologique France;* XIX, p. 223.
1907. *Planorbula tchadiensis* GERMAIN, *Mollusques Afrique centrale française;* p. 510,
     pl. V, p. 8-9.

M. G. GARDE a recueilli un certain nombre d'exemplaires de cette espèce. Ils restent de petite taille, ne mesurant que 8 1/4 millimètres de diamètre maximum, 7 millimètres de diamètre minimum et 3 millimètres d'épaisseur. Le test est café au lait, un peu brillant, finement strié.

Variété inermis Germain, nov. var.

(Pl. I, fig. 19.)

Coquille de petite taille, de même forme que le type, mais avec un enroulement beaucoup plus serré en dessous; ouverture non dentée, présentant un fort bourrelet interne submarginal bien saillant; bords très convergents réunis par une callosité blanche.

Diamètre maximum : 6 millimètres; diamètre minimum : 5 millimètres; épaisseur maximum : 2 3/4 millimètres.

Test un peu brillant, très finement strié en dessus et en dessous.

N'Guigmi, dans le lac Tchad.
Am Raya [Bahr el Ghazal] (variété *inermis*).

Genre **Segmentina** Fleming.

Segmentina Chevalieri Germain.

1904. *Segmentina Chevalieri* GERMAIN, *Bulletin Muséum hist. natur. Paris;* X, p. 468.
1905. *Segmentina Chevalieri* GERMAIN, *loc. cit.;* XI, p. 256.
1907. *Segmentina Chevalieri* GERMAIN, *Mollusques Afrique centrale française;* p. 512.
1908. *Segmentina Chevalieri* GERMAIN, Mollusques récoltés par E. Foà, lac Tanganyika;
     p. 639, fig. 6-7.

Quelques-uns des exemplaires récoltés par M. G. GARDE sont de grande taille : ils atteignent en effet jusqu'à 5 1/4 millimètres de diamètre maximum,

IMPRIMERIE NATIONALE.

tandis que le type, tel que je l'ai décrit et figuré, ne dépasse pas 4 1/4 millimètres de diamètre. Ces gros individus ont le test brillant, café au lait clair, orné, en dessus, de stries extrêmement fines et serrées et, en dessous, de stries un peu plus irrégulières et légèrement onduleuses.

N'Guigmi, dans le Tchad.
Kélékorarom, dans le Tchad.

GASTÉROPODES PROSOBRANCHES.

Famille des **VIVIPARIDÆ**.

Genre **Vivipara** de Lamarck.

Vivipara unicolor Olivier.

(Pl. II, fig. 12-17, et pl. III, fig. 2.)

1804. *Cyclostoma unicolor* Olivier, *Voyage empire Ottoman;* III, p. 68; Atlas, II, pl. XXXI, fig. 9.

1822. *Paludina unicolor* de Lamarck, *Anim. sans vertèbres;* VI, p, 174.

1827. *Paludina unicolor* Audoin, *in* : Savigny. *Description Coquilles Égypte;* p. 137; pl. coquilles 2, fig. 30', 30².

1832. *Paludina unicolor* Deshayes, *Encyclop. méthod.; Vers;* III, p. 698.

1838. *Paludina unicolor* Deshayes, *in* : de Lamarck, *Animaux sans vertèbres;* [Ed. II]; VIII; p. 513.

1845. *Paludina unicolor* Philippi, *Abbild.;* I, p. 117, Taf. I (fig. sans num.).

1852. *Paludina unicolor* Küster, *Die Gattung Paludina,* in : Martini und Chemnitz, *System. Conchyl. Cabinet;* p. 21, n° 16, Taf. IV, fig. 12-13.

1852. *Paludina biangulata* Küster, *in* : Martini und Chemnitz, *loc. cit.;* p. 25, Taf. V, fig. 11-12.

1855. *Paludina unicolor* Roth, *Malakozoolog. Blätter;* II, p. 51.

1856. *Vivipara unicolor* Bourguignat, *Aménités malacologiques,* in : *Revue mag. zool.;* p. 343.

1862. *Vivipara polita* Frauenfeld, *Verhandl. der zoolog. botan. Gesellsch. Wien;* p. 1163.

1863. *Paludina polita* Reeve, *Conchol. Iconica;* pl. XIV, fig. 73.

1864. *Vivipara unicolor* Frauenfeld, *Verhandl. der zoolog. botan. Gesellsch. Wien;* p. 657.

1864. *Paludina unicolor* Dohrn, *Proceed. zool. society London;* p. 117.

1865. *Paludina (Vivipara) unicolor* Martens, *Malakozool. Blätter;* XII, p. 202.

1866. *Paludina (Vivipara) unicolor* Martens, *Malakozool. Blätter;* XIII, p. 97.

1867. *Paludina (Vivipara) unicolor* Martens, *Malakozool. Blätter;* XIV, p. 20.

1874. *Vivipara unicolor* Jickeli, *Land-und Süssw. Mollusk. Nord Ost-Afrikas;* p. 235, pl. VIII, fig. 30.

1878. *Paludina unicolor* Martens, *Monatsb. d. Akad. d. Wissensch. Berlin;* p. 297.

1880. *Vivipara unicolor* Bourguignat, *Recensem. Vivipares Syst. européen;* p. 35.

1881. *Vivipara Duponti* de Rochebrune, *Bulletin soc. philomat. Paris;* p. 3.

1886. *Paludina unicolor* Westerlund, *Fauna der paläarct. region Binnenconchylien;* part. VI, p. 8.

1888. *Paludina unicolor* Smith, *Proceed. zoolog. Society London;* p. 53.

1890. *Vivipara unicolor* Bourguignat, *Histoire malacolog. lac Tanganika;* p. 39; et *Ann. sc. natur.;* X, p. 39.

1894. *Paludina unicolor* Sturany, *in* : Baumann, *Durch Massailand zur Nilquelle;* p. 15, pl. XXIV, fig. 7, 12, 13, 17, 22, 23 et 25.

1898. *Vivipara unicolor* Martens, *Beschalte Weichth. Ost-Afrikas;* p. 175.

3.

1905. *Vivipara unicolor* GERMAIN, *Bulletin Muséum hist. natur. Paris;* XI, p. 327 et
      p. 488.
1906. *Vivipara unicolor* GERMAIN, *Bulletin Muséum hist. natur. Paris;* p. 52 et p. 58.
1906. *Vivipara unicolor* GERMAIN, *Mémoires soc. zoologique France;* XIX, p. 227.
1907. *Vivipara unicolor* GERMAIN, *Mollusques terr. fluv. Afrique centrale française;* p. 513.
1908. *Vivipara unicolor* GERMAIN, *Mollusques du lac Tanganika et de ses environs;* p. 55.
1909. *Vivipara unicolor* DAUTZENBERG, *Journal de Conchyliologie;* LVI, p. 18.
1910. *Vivipara unicolor* PALLARY, *Catalogue faune malacologique Égypte;* p. 62, pl. IV,
      fig. 15.

J'ai figuré un certain nombre d'exemplaires jeunes de cette espèce très répandue (pl. II, fig. 12-17). J'étudierai en détail les caractères très particuliers de
ces jeunes dans mon mémoire sur les Mollusques recueillis par M. R. CHUDEAU
au cours de ses diverses explorations. J'ai précédemment insisté sur le polymorphisme si étendu du *Vivipara unicolor;* je n'y reviendrai donc pas ici. Par
contre, j'ai fait figurer (pl. III, fig. 2) une très belle variété ex colore *viridis*
Germain, recueillie par le lieutenant LACOIN dans un chenal sablo-vaseux au
Sud de Kangallam (lac Tchad). Chez cette variété, le test, finement, mais irrégulièrement strié, est d'un très beau vert brillant, assez clair sur les premiers
tours de spire. De telles colorations sont toujours rares chez les Mollusques du
lac Tchad.

> Bosso, dans le Tchad.
> Entre Bosso et l'embouchure de la Komadougou-Yoobé, dans le Tchad.
> N'Guigmi, dans le Tchad.
> Garoa, dans le Tchad.
> Nord de Kouloa.
> N'Gollom, dans le Tchad.
> Madiorou, dans le Tchad.
> Intérieur du Tchad, à 20 kilomètres à l'Ouest de N'Gollom.
> Intérieur du Tchad, à 30 kilomètres du bord Ouest.
> Intérieur du Tchad, à 40 kilomètres du bord Ouest.
> Intérieur du Tchad (envoi de M. le lieutenant de vaisseau AUDOIN).
> Kélékorarom, dans le Tchad.
> Kamba, dans le Tchad, à 8 kilomètres à l'Est de Kamba.
> Kabirom (Sud-Est du Tchad).
> Am Raya (Bahr el Ghazal).

GENRE **Cleopatra** Troschel.

Cleopatra cyclostomoides Küster.

1852. *Paludina cyclostomoides* KÜSTER, *in :* MARTINI und CHEMNITZ, *System. Conchyl. Cabinet;*
      p. 32, Taf. XI, fig. 11-12.
1856. *Bythinia cyclostomoides* BOURGUIGNAT, *Aménités malacol.;* I, p. 184.
1879. *Cleopatra cyclostomoides* BOURGUIGNAT, *Descript. Mollusques Égypte, Zanzibar, etc.;*
      p. 26.

1886. *Cleopatra cyclostomoides* WERTERLUND, *Fauna der paläarct. region Binnenconchylien;*
    part. VI, p. 13.
1890. *Cleopatra cyclostomoides* BOURGUIGNAT, *Histoire malacolog. lac Tanganika;* p. 45; et
    Annales sc. natur.; X. p. 45.
1906. *Cleopatra cyclostomoides* GERMAIN. *Bulletin Muséum hist. natur. Paris;* XII, p. 54.
1906. *Cleopatra cyclostomoides* GERMAIN, *Mémoires soc. zoologique France;* XIX, p. 230,
    pl. IV, fig. 9.
1907. *Cleopatra cyclostomoides* GERMAIN, *Mollusques Afrique centrale française;* p. 518.
1910. *Cleopatra cyclostomoides* PALLARY, *Catalogue faune malacologique Égypte;* p. 64,
    pl. IV. fig. 17.

Variété *tchadiensis* Germain.

(Pl. II. fig. 5-6 et fig. 22, 23 et 24.)

1905. *Cleopatra cyclostomoides* var. *tchadiensis* GERMAIN, *Bulletin Muséum hist. natur. Paris;*
    XI, p. 328 (sans descript.).
1907. *Cleopatra cyclostomoides* var. *tchadiensis* GERMAIN, *Mollusques Afrique centrale
    française;* p. 519.
1909. *Cleopatra cyclostomoides* var. *tchadiensis* GERMAIN. *Bulletin Muséum hist. natur. Paris;*
    XV. p. 470.

Les exemplaires, recueillis en assez petit nombre, sont de taille normale :
hauteur : 10-11-12 millimètres; diamètre maximum : 6 3/4-7-7 1/2 millimètres; diamètre minimum : 5-5 1/2-6 1/4 millimètres; hauteur de l'ouverture : 5-5-5 millimètres; diamètre de l'ouverture : 3 1/4-3 1/2- 3 1/2 millimètres.

    Bosso, dans le lac Tchad.
    Zone sableuse entre Bosso et l'embouchure de la Komadougou (lac Tchad).
    N'Guigmi, entre le poste et le village (lac Tchad).

Cleopatra bulimoides Olivier.

(Pl. II, fig. 5-6 et fig. 22, 23 et 24.)

1804. *Paludina bulimoides* OLIVIER, *Voyage empire Ottoman;* II, p. 39; III, p. 68; *Atlas,*
    II, pl. XXXI, fig. 6.
1838. *Paludina bulimoides* DE LAMARCK, *Anim. sans vertèbres;* Éd. II (par DESHAYES), VIII,
    p. 517. n° 9.
1852. *Paludina bulimoides* KÜSTER, *Gattung Paludina,* in : MARTINI und CHEMMITZ, *System.
    Conchyl. Cabinet;* p. 32, n° 32, Taf. VII, fig. 11-15 (seulement).
1855. *Cyclostoma Gaillardotii* BOURGUIGNAT, *Aménités malacolog.;* I, p. 104, pl. VII,
    fig. 5-7; — et *Revue et magas. Zoologie;* XXVIII, p. 335, pl. VII, fig. 5-7.
1856. *Bythinia bulimoides* BOURGUIGNAT, *Aménités malacolog.;* I, p. 183.
1865. *Paludina bulimoides?* DOHRN, *Proceed. zool. soc. London;* p. 233.
1868. *Paludomus bulimoides* MORELET, *Voyage Welwitsch;* p. 96.

1874. *Cleopatra bulimoides* Jickeli, *Land-und Süsswasser-Mollusk. N. O. Afrik.;* p. 240, Taf. VII, fig. 31 (opercule).
1879. *Cleopatra bulimoides* Bourguignat, *Mollusques Égypte, Zanzibar, etc.;* p. 22.
1886. *Cleopatra bulimoides* Westerlund, *Fauna paläarct. region Binnenconchylien;* part. VI, p. 12.
1890. *Cleopatra bulimoides* Bourguignat, *Histoire malacolog. lac Tanganika;* p. 44; et *Ann. sc. natur.;* X, p. 44.
1898. *Cleopatra bulimoides* Martens, *Beschalte Weichth. Ost-Afrik.;* p. 184.
1906. *Cleopatra bulimoides* Neuville et Anthony, *Bulletin soc. philomat. Paris;* VII, p. 5.
1907. *Cleopatra bulimoides* Germain, *Mollusques Afrique centrale française;* p. 520.
1909. *Cleopatra bulimoides* Pallary, *Catalogue faune malacologique Égypte;* p. 63, pl. III, fig. 16.

J'ai déjà signalé la présence de cette espèce nilotique dans les eaux du Tchad. M. G. Garde a pu en recueillir d'intéressantes séries, provenant de localités très variées, et qui mettent en évidence le polymorphisme de ce *Cleopatra*.

Le tableau suivant indique les variations de la taille :

NUMÉROS des ÉCHANTILLONS.	HAUTEUR MAXIMUM.	DIAMÈTRE		HAUTEUR de L'OUVERTURE.	DIAMÈTRE de L'OUVERTURE.
		MAXIMUM.	MINIMUM.		
	millimètres.	millimètres.	millimètres.	millimètres.	millimètres.
1	11	6 1/4	5 1/2	4 1/4	3
2	11	6	5	4	3
3	11	6 1/2	6	4 3/4	3 1/2
4	11	6 1/4	5	4 1/4	3 1/2
5	12 1/2	6 3/4	6	5 1/2	4
6	13 1/2	7	6	5	3 1/2
7	14	8 1/4	7	5 3/4	4

L'ombilic, réduit à une fente étroite, ne varie que dans des limites peu étendues.

Le test est assez épais, un peu crétacé, solide, recouvert d'un épiderme marron jaunâtre, assez clair, non brillant. Le sommet est très souvent érodé. Les stries sont assez fines sur les premiers tours; elles deviennent plus fortes au dernier tour et sont toujours très marquées aux environs de l'ombilic; enfin le péristome est, le plus souvent, très nettement encrassé, avec un bord colomel- laire notablement épaissi.

Zone sableuse, entre Bosso et l'embouchure de la Komadougou-Yoobé, dans le Tchad.
Nord de Kouloa, dans le Tchad.

Intérieur du Tchad, à 20 kilomètres du bord Ouest.
Intérieur du Tchad, à 30 kilomètres du bord Ouest.
Intérieur du Tchad, à 40 kilomètres du bord Ouest.
Kélékorarom, dans le Tchad.
20 kilomètres au Nord de N'Gouri, sur la route de Mao (Kanem).

La mission a recueilli, en outre, deux variétés que je vais maintenant décrire.

Variété **unilirata** Germain, *nov. var.*

(Pl. II, fig. 22, 23, 24.)

Coquille de même forme et de même taille que le type, mais présentant, sur les tours supérieurs, un filet carénant médian très saillant; ce filet carénant s'atténue aux tours suivants pour disparaître, presque toujours, au dernier tour de spire.

Ce Mollusque[1] paraît, au premier examen, très différent du *Cleopatra bulimoides* Olivier; en réalité, il est absolument impossible de l'en séparer spécifiquement. Ces deux coquilles vivent dans les mêmes localités, et c'est au milieu des colonies du type que l'on trouve quelques échantillons de la variété. Il y a d'ailleurs entre le type et la variété, telle que je la figure ici (pl. II, fig. 22 et 24), tous les intermédiaires possibles, certains échantillons ne possédant que des traces de carènes, même sur les tours supérieurs, tandis que d'autres ont une carène très saillante, même à l'avant-dernier tour. Nous retrouvons donc ici un polymorphisme comparable à celui que j'ai signalé chez le *Cleopatra Poutrini* Germain[2], de l'Egueï, et aussi chez le *Vivipara unicolor* Olivier, où, dans la même colonie, se rencontrent des individus présentant les modes *unicarinata*, *bicarinata* ou *tricarinata* à côté d'exemplaires à tours de spire parfaitement arrondis[3].

Un des échantillons figuré est anormal (pl. II, fig. 23); son enroulement est très irrégulier par suite de la déviation de son avant-dernier tour.

Zone sableuse entre Bosso et l'embouchure de la Komadougou, dans le Tchad.
Kélékorarom, dans le Tchad.
Intérieur du Tchad, à 30 kilomètres du bord Ouest.

[1] Quelques échantillons rappellent un peu la forme des exemplaires des *Cleopatra mweruensis* Smith, à une seule carène (SMITH [E. A.]. On a collection of land and freshwater shells transmitted by M. H. JOHNSTON from British Central Africa; *Proceed. zoological society London;* novembre 1893, p. 639, pl. LIX, fig. 10); mais il est impossible de confondre ces deux espèces qui ont un enroulement très différent.

[2] GERMAIN (Louis). — Contributions, etc., XIX, Mollusques nouveaux de l'Afrique tropicale; *Bulletin Muséum hist. natur. Paris;* 1909, p. 377.

[3] GERMAIN (Louis). — Les Mollusques terr. et fluv. de l'Afrique centrale française, *in* CHEVALIER (A.). — *L'Afrique centrale française;* 1907, p. 514-517.

Variété **Richardi** Germain, *nov. var.*

(Pl. II, fig. 5-6.)

Coquille de grande taille, de forme conico-ovalaire très allongée; 7-8 tours de spire à croissance assez lente et régulière, *très convexes,* séparés par des sutures très profondes; dernier tour bien arrondi; test un peu brillant, finement strié.

Hauteur : 12 3/4-13-15-16 millimètres [1]; diamètre maximum : 6 1/2-7-7 1/2-8 1/4 millimètres; diamètre minimum : 5 1/2-6-6 1/4-7 millimètres; hauteur de l'ouverture : 4 1/2-5-5 3/4-6 millimètres; diamètre de l'ouverture : 3 1/2-3 1/2-4 1/2-4 1/2 millimètres.

Comparée au type, la variété *Richardi* s'en sépare par sa taille beaucoup plus grande; par sa spire plus haute, plus élancée, composée de tours beaucoup plus convexes, plus étagés, séparés par des sutures bien plus profondes donnant à la coquille un aspect légèrement scalariforme; par son test plus brillant et plus finement strié; enfin, par son péristome plus fortement encrassé.

Intérieur du Tchad, à 40 kilomètres du bord Ouest.
Zone sableuse, bord occidental du Tchad.

Genre **Bythinia** Gray.

§ 1. **Gabbia** Tryon.

Bythinia (Gabbia) Neumanni Martens.

(Pl. II, fig. 34.)

1898. *Bythinia (Gabbia) Neumanni* Martens, *Beschalte Weichth. Ost-Afrik.*; p. 191, Taf. VI, fig. 33 (et fig. de la radula, p. 191).
1905. *Bythinia (Gabbia) Neumanni* Germain, *Bulletin Muséum hist. natur. Paris;* XI, p. 327.
1906. *Bythinia Neumanni* Neuville et Anthony, *Bulletin soc. philomat. Paris;* 9ᵉ série, VIII, p. 7.
1907. *Bythinia (Gabbia) Neumanni* Germain, *Mollusques terr. fluv. Afrique centrale française,* p. 521.

Cette petite coquille est extrêmement répandue dans l'Afrique tropicale. Primitivement découverte par O. Neumann dans les petits lacs de la plaine de

[1] Les mensurations se rapportant à la hauteur totale sont un peu trop faibles, car, ainsi qu'on peut s'en rendre compte par les figures (pl. II, fig. 5-6), les premiers tours de spire sont absents par érosion.

Massaï [1], elle a tout d'abord été retrouvée dans le Tchad par F. Foureau [2]. Depuis, elle a été recueillie dans le lac Rodolphe par l'expédition M. de Roth-schild [3], et de nombreux explorateurs (A. Chevalier, R. Chudeau, Dr Poutrin, etc.) l'ont rapportée du Tchad, où elle est très abondante. M. G. Garde a pu récolter un très grand nombre de spécimens de cette Bythinia dans des localités très variées du Tchad, de l'Egueï [4] et du Bodeli.

Le *Bythinia Neumanni* Martens n'est pas très variable; j'ai signalé déjà les variétés ex forma *elata* [5] et *globosa* [6] qui ne sont pas rares ; il convient d'y ajouter une variété *major* Germain, qui atteint jusqu'à 6 millimètres de hauteur. Le test est un peu brillant, corné très clair, orné de stries extrêmement fines et serrées.

Je signalerai enfin une variété ex colore *limpida* Germain [7] (pl. II, fig. 34), chez laquelle le test est notablement plus mince, plus délicat, subtransparent, d'un corné pâle légèrement bleuté et bien plus brillant, orné de stries encore plus fines. Le péristome est également moins épaissi.

> Intérieur du Tchad (envoi de M. le lieutenant de vaisseau Audoin).
> Intérieur du Tchad, à 20 kilomètres à l'Ouest de N'Gollom.
> Bosso, dans le lac Tchad.
> N'Guigmi, dans le lac Tchad.
> N'Guigmi, dans le Tchad, entre le poste et le village.
> Garoa, dans le Tchad.
> Kouloa, dans le Tchad.
> Entre Kouloa et Mattégou, dans le Tchad.
> Intérieur du Tchad, à 30 kilomètres du bord Ouest.
> Intérieur du Tchad, à 35 kilomètres du bord Ouest.
> Am Raya (Bahr el Ghazal).
> Au Sud de Am Raya.
> Hacha, dans l'Egueï.
> Ali Agrenga, dans l'Egueï.

[1] Martens (Dr E. von). — *Beschalte Weichthiere Ost-Afrikas;* 1898, p. 191.

[2] Germain (Louis). — Mollusques recueillis par F. Foureau dans le centre africain; *Bulletin Muséum hist. natur. Paris;* 1905, p. 327.

[3] Neuville (H.) et Anthony (R.). — Contrib. à l'étude de la faune malacologique des lacs Rodolphe, Stéphanie et Marguerite; *Bulletin soc. philomat. Paris;* VIII, n° 6, 1905, p. 7.

[4] M. le Dr Poutrin m'a également communiqué de nombreux exemplaires du *Bythinia Neumanni* Martens, recueillis dans l'Egueï, à environ 1,000 kilomètres au Nord de Fort-Lamy.

[5] Je figure ici (pl. II, fig. 34) une de ces var. *elata* présentant en outre, au point de vue du test, le mode *limpida* (intérieur du lac Tchad, à 20 kilomètres à l'Ouest de N'Gollom). On voit que la spire est bien plus haute, avec des tours très convexes-arrondis, séparés par des sutures très profondes. Il existe d'ailleurs, entre ces formes et le type, tous les intermédiaires.

[6] Germain (Louis). — Les Mollusques terr. et fluviat. de l'Afrique centrale française; *in* Chevalier (A.). — *L'Afrique centrale française;* 1907, p. 522.

[7] Cette variété est abondante dans l'intérieur du Tchad, à 20 kilomètres à l'Ouest de N'Gollom.

Bythinia (Gabbia) neothaumæformis Germain.

1907. *Bythinia (Gabbia) neothaumæformis* GERMAIN, *Bulletin Muséum hist. nat. Paris;* XIII,
    p. 65.
1908. *Bythinia (Gabbia) neothaumæformis* GERMAIN, *Mollusques terr. fluv. Afrique centrale
    française;* p. 523, pl. V, fig. 13-13 *a.*

Un seul exemplaire de cette espèce si caractéristique a été rapporté par
M. G. GARDE. Il est de très petite taille, puisqu'il ne mesure que 2 1/4 millimètres de longueur totale. Son test, finement strié, est d'un corné pâle.

Il a été recueilli, en compagnie du *Bythinia (Gabbia) Neumanni* Martens,
dans l'intérieur du Tchad, à environ 30 kilomètres du bord Ouest du lac.

FAMILLE DES **AMPULLARIIDÆ**.

GENRE **Ampullaria** de Lamarck.

Ampullaria speciosa Philippi.

(Pl. II, fig. 38-39; pl. III, fig. 3; et pl. IV, fig. 1-2.)

1849. *Ampullaria speciosa* PHILIPPI, *Zeitschr. für Malakozool.;* p. 18.
1851. *Ampullaria speciosa* PHILIPPI, *in* MARTINI und CHEMNITZ. *System. Conchyl. Cabinet;*
    p. 40, Taf. XI, fig. 2.
1856. *Ampullaria speciosa* REEVE, *Conchol. Iconica;* X, fig. 33.
1864. *Ampullaria speciosa* DOHRN, *Proceed. zoolog. soc. London;* p. 117.
1879. *Ampullaria speciosa* BOURGUIGNAT, *Mollusques Égypte, Zanzibar,* etc.; p. 32.
1889. *Ampullaria speciosa* BOURGUIGNAT, *Mollusques Afrique équatoriale;* p. 168.
1895. *Ampullaria speciosa* MARTENS, *Ann. Mus. civ. Genova;* XV, p. 65.
1898. *Ampullaria speciosa* MARTENS, *Beschalte Weichth. Ost-Afrik.;* p. 153 (*pars.*).
1905-1906. *Ampullaria speciosa* GERMAIN, *Bulletin Muséum hist. natur. Paris;* XI. p. 328;
    — et XII (1906), p. 59 et p. 171.
1907. *Ampullaria speciosa* GERMAIN, *Mollusques terr. fluv. Afrique centrale française;* p. 524
    et p. 531.

Les spécimens recueillis par la mission ont un test épais, solide, d'un beau
vert brillant, orné de bandes spirales plus sombres, mais peu marquées. L'ouverture, d'un brun marron brillant intérieurement, est bordée d'une zone
orangée comme dans l'*Ampullaria erythrostoma* Reeve [1] (pl. III, fig. 3).

____

[1] REEVE (L.), *Conchologia Iconica;* X, 1856, sp. 59.

Voici les dimensions principales de quelques exemplaires :

NUMÉROS des ÉCHANTILLONS.	HAUTEUR TOTALE.	DIAMÈTRE		HAUTEUR de L'OUVERTURE.	DIAMÈTRE de L'OUVERTURE.
		MAXIMUM.	MINIMUM.		
	millimètres.	millimètres.	millimètres.	millimètres.	millimètres.
1............	93	88	67	65	41
2............	86	82	69	50	32
3............	69	68	52	53	32
4............	68	67	54	50	32
5............	62	61	48	49	30

Les échantillons 3, 4 et 5 appartiennent à la variété *globosa* Germain [1], qui se retrouve dans le Congo, où elle a été recueillie par F. Foureau [2].

L'exemplaire 2 (pl. IV, fig. 1 et 2) a été recueilli dans le Bahr el Ghazal. Son test est beaucoup plus épais, très pesant; sa spire est un peu plus haute, bien que les caractères de l'enroulement restent les mêmes. Il ne s'agit évidemment que d'une forme locale de l'*Ampullaria speciosa* Philippi.

Je rappellerai, d'autre part, que les *Ampullaria Wernei* Philippi [3] et *Ampullaria erythrostoma* Reeve sont des espèces très voisines de l'*Ampullaria speciosa* Philippi, à laquelle il faudra sans doute les réunir, le jour où l'on possédera des matériaux suffisants de comparaison.

> Vallée de la Komadougou-Yoobé.
> Bahr el Ghazal moyen, à Bossa.

Famille des **MELANIIDÆ.**

Genre **Melania** de Lamarck.

Melania tuberculata Müller.

(Pl. II, fig. 7 à 11.)

1774. *Nerita tuberculata* Müller, *Verm. terr. et fluv. histor.*; p. 191.
1779. *Strombus tuberculatus* Schröter, *Geschichte der Flussconchylien*; p. 373.
1779. *Strombus costatus* Schröter, *loc. cit.*; p. 374, Taf. VIII, fig. 14.

[1] Germain (Louis), *Bulletin Muséum hist. natur. Paris*; XI, 1905, p. 328; et *Mollusques terr. fluv. Afrique centrale française*; 1907, p. 531, fig. 90.

[2] La coquille du Congo est de taille beaucoup plus grande, puisqu'elle atteint 103 millimètres de hauteur pour 99 millimètres de diamètre maximum. Son ouverture a 82 millimètres de hauteur sur 53 millimètres de diamètre.

[3] Philippi, *Monogr. Ampull.*, in : Martini und Chemnitz, *System. Conchyl. Cabinet*; 1851, p. 19, Taf. V, fig. 4! et Taf. XVII, fig. 2!

1804. *Melanoides fasciolata* OLIVIER, *Voyage empire Ottoman;* II, p. 40, pl. XXXI, fig. 7.

1822. *Melania fasciolata* DE LAMARCK, *Anim. sans vertèbres;* VI, part. II, p. 174.

1847. *Melania pyramis* BUCH, *in* PHILIPPI, *Abbild. Conchyl.;* II, p. 172, Taf. IV, fig. 16.

1852. *Vivipara fasciolata* RAYMOND, *Journ. Conchyl.;* III, p. 326.

1853. *Melania tuberculata* BOURGUIGNAT, *Catalogue raisonné Mollusques de Saulcy Orient;* p. 65.

1861. *Melania Rothiana* MOUSSON, *Coq. terr. fluv. Roth Palestine;* p. 61.

1864. *Melania tuberculata* BOURGUIGNAT, *Malacol. terr. fluv. Algérie;* II, p. 251, pl. XV, fig. 1-11.

1865. *Melania tuberculata* DOHRN, *Proceed. zool. soc. London;* p. 234.

1865. *Melania tuberculata* TRISTAM, *Proceed. zool. soc. London;* p. 541.

1865. *Melania tuberculata* MARTENS, *Malakozool. Blätter;* XI, p. 205.

1866. *Melania tuberculata* ADAMS, *Proceed. zoolog. society of London;* p. 376.

1869. *Melania tuberculata* MARTENS, *Nachrichtsbl. der Malak. Gesellsch.;* I, p. 154.

1874. *Melania tuberculata* JICKELI, *Land- und Süssw.-Mollusk. Nordostafrik.;* p. 251, Taf. III, fig. 7; Taf. VII, fig. 36.

1874. *Melania abyssinica* RÜPPELL, *in* JICKELI, *loc. cit.;* p. 253.

1877. *Melania tuberculata* SMITH, *Proceed. zoolog. soc. London;* p. 712.

1879. *Melania tuberculata* MARTENS, *Sitz. ber. d. Gesellsch. naturf. Freunde in Berlin;* p. 104.

1881. *Melania tuberculata* SMITH, *Proceed. zool. soc. London;* p. 291.

1882. *Melania tuberculata* BOURGUIGNAT, *Moll. terr. fluv. mission Revoil au pays Çomalis;* p. 90.

1883. *Melania Rothiana* LOCARD, *Malacol. lacs Tibériade, Antioche, Homs (Syrie);* p. 32.

1883. *Melania tuberculata* BOURGUIGNAT, *Hist. malacolog. Abyssinie;* p. 102 et p. 131.

1883. *Melania tuberculata* BOURGUIGNAT, *Mollusques Nyanza-Oukéréwé;* p. 4.

1884. *Melania tuberculata* BOURGUIGNAT, *Hist. Mélaniens syst. europ.;* p. 5; et *Ann. malacologie;* II, p. 5.

1887. *Melania tuberculata* BOURGUIGNAT, *Bullet. soc. malacolog. France;* IV, p. 267.

1888. *Melania tuberculata* POLLONERA, *Bollett. Societa malacolog. Italiana;* XIII, part. II, p. 82 (à part, p. 24).

1888. *Melania tuberculata* SMITH, *Proceed. zool. soc. London;* p. 52.

1888. *Melania tuberculata* BOURGUIGNAT, *Iconogr. malacolog. lac Tanganika;* p. 27, pl. XI, fig. 26-27.

1889. *Melania tuberculata* BOURGUIGNAT, *Bullet. soc. malacol. France;* VI, p. 5 et p. 51.

1889. *Melania tuberculata* BOURGUIGNAT, *Mollusques Afrique équatoriale;* p. 182.

1890. *Melania tuberculata* SMITH, *Ann. and mag. natur. history;* 6ᵉ série, VI, p. 149.

1890. *Melania tuberculata* BOURGUIGNAT, *Hist. malacol. lac Tanganika;* p. 163, pl. XI, fig. 26-27; et *Ann. sc. naturelles;* 7ᵉ série, X, même pagin.

1891. *Melania tuberculata* SMITH, *Proceed. zool. soc. London;* p. 310.

1892. *Melania tuberculata* MARTENS, *Sitz. ber. der Gesellsch. naturf. Freunde Berlin;* p. 173.

1894. *Melania tuberculata* ANCEY, *Mém. soc. zool. France;* VII, p. 224.

1895. *Melania tuberculata* SMITH, *Proceed. malacol. soc. London;* I, p. 167.

1896. *Melania tuberculata* STURANY, *in* BAUMANN, *Durch Massailand zur Nilquelle;* p. 10.

1898. *Melania tuberculata* MARTENS, *Beschalte Weichth. Ost-Afrikas;* p. 193.

1898. *Melania tuberculata* POLLONERA, *Bollet. Musei zool. anat. comp. R. Univers. Torino;* XIII, n° 313, p. 12 (4 mars).

1904. *Melania tuberculata* SMITH, *Proceed. malacol. soc. London;* VI, p. 100.

1904. *Melania tuberculata* DE ROCHEBRUNE et GERMAIN, *Mém. soc. zoologique France;* XVII, p. 7.

1904-1910. *Melania tuberculata* GERMAIN, *Bulletin Muséum hist. natur. Paris;* X, p. 353;
 XI (1905), p. 257 et p. 328; XII (1906), p. 54, p. 59 et p. 297; XIII (1907).
 p. 269; XV (1909), p. 275, p. 375 et p. 470; XVI (1910), p.   .
1906. *Melania tuberculata* GERMAIN, *Mémoires soc. zool. France;* XIX, p. 235.
1905-1906. *Melania tuberculata* NEUVILLE et ANTHONY, *Bulletin Muséum hist. natur. Paris;*
 XI (1905), p. 116; et XII, p. 407.
1906. *Melania tuberculata* NEUVILLE et ANTHONY, *Bulletin soc. philom. Paris;* 9ᵉ série, VIII,
 p. 8.
1907. *Melania tuberculata* GERMAIN, *Mollusques terr. fluv. Afrique centrale française;* p. 537.
1908. *Melania tuberculata* NEUVILLE et ANTHONY, *Annales sc. naturelles;* VIII, p. 247.
1908. *Melania tuberculata* GERMAIN, *Mollusques lac Tanganyika et ses environs;* p. 649.
1908. *Melania tuberculata* DAUTZENBERG. *Journal de Conchyliologie;* LVI, p. 23. pl. II,
 fig. 4-5.

Les formes les plus intéressantes de cette espèce si répandue ont été recueil-lies dans l'Egueï. Voici tout d'abord un tableau des principales mensurations de quelques spécimens :

| NUMÉROS des ÉCHANTILLONS. | HAUTEUR TOTALE. | DIAMÈTRE | | HAUTEUR de L'OUVERTURE. | DIAMÈTRE de L'OUVERTURE. |
		MAXIMUM.	MINIMUM.		
	millimètres.	millimètres.	millimètres.	millimètres.	millimètres.
1	17	6	5	6	3 3/4
2	17	5 1/4	4 1/2	5	3
3	16 3/4	5 1/4	5	5	3
4	16	5	4	4 3/4	3
5	16	5	4 1/2	4 1/2	2 3/4
6	16	5 1/4	4 3/4	5	3
7	15 1/2	5	4 3/4	5	3
·8	15 1/4	4 1/2	4	4 1/2	2 3/4
9	15	5	4 1/2	5	3
10	15	4 1/4	4	4 3/4	3
11	15	4 3/4	4	4 1/4	2 3/4
12	14 1/2	4 1/2	4	4	2 3/4
13	14 1/4	5	4 1/2	4 1/2	2 1/2
14	14	4 1/2	4	4	2 1/4
15	14	5	4	4 1/2	3
16	13 1/2	4 3/4	4	4	2 1/2

On remarquera la petite taille des individus de l'Egueï, comparés à ceux du lac Tchad ou des autres régions de l'Afrique, qui atteignent très facilement 25 millimètres et quelquefois 30 millimètres de longueur. De plus, les *Melania tuberculata* de l'Egueï ont une forme plus grêle, plus allongée, des tours plus convexes séparés par de très profondes sutures. La sculpture est très fortement indiquée, comme dans la variété *Victoriæ* Dautzenberg[1], mais la coquille n'est pas érodée, le sommet est intact et les stries longitudinales sont beaucoup plus saillantes, ce qui rend les cordons spiraux nettement noduleux (pl. II, fig. 7 à 11).

Au point de vue de la décoration picturale, un grand nombre des échantillons de l'Egueï sont ornés de flammules peu nombreuses, étroites, dirigées obliquement dans le sens longitudinal. Ces flammules, d'un marron clair plus ou moins vineux, sont surtout abondantes au dernier tour (pl. II, fig. 7 à 11).

Voici les localités où le *Melania tuberculata* Müller a été recueilli :

> Bosso, près du Tchad.
> Entre Bosso et l'embouchure de la Komadougou-Yoobé, dans le Tchad.
> N'Guigmi, entre le poste et le village, dans le Tchad.
> Garoa, dans le Tchad.
> Kouloa, dans le Tchad.
> Dans le Tchad, au Nord de Kouloa.
> N'Gollom, dans le Tchad.
> Madiorou, dans le Tchad.
> Intérieur du Tchad, à 20 kilomètres à l'Ouest de N'Gollom.
> Intérieur du Tchad, à 35 kilomètres du bord Ouest.
> Intérieur du Tchad, à 40 kilomètres du bord Ouest.
> Intérieur du Tchad (envoi de M. le lieutenant de vaisseau AUDOIN).
> Kélékorarom, dans le Tchad.
> 8 kilomètres à l'Est de Kamba.
> Kabirom (Sud-Est du Tchad).
> Am Raya (Bahr el Ghazal).
> Fanengha (Egueï).
> Hacha (Egueï).
> Ali Agrenga (Egueï).
> Sekhab (Egueï).
> Koukourdeye (Egueï).
> Hangara (Egueï).
> 2 kilomètres à l'Ouest de Hangara.
> 15 kilomètres à l'Est de Hangara.
> Entre Ouani et Hangara (Moji).
> Entre Toro-Doum et Koro-Kidinga (Toro).

---

[1] DAUTZENBERG (Ph.), Récoltes malacologiques de M. Ch. ALLUAUD en Afrique occidentale; *Journal de Conchyliologie*; LVI, 1908, p. 25, pl. II, fig. 4-5.

FAMILLE DES **VALVATIDÆ**.

GENRE **Valvata** O. F. Müller.

Valvata Tilhoi Germain, *nov. sp.* [1].

(Pl. II, fig. 26 à 31.)

1909. *Valvata Tilhoi* GERMAIN, *Bulletin Muséum hist. natur. Paris;* XV, p. 376.

Coquille de petite taille, subdéprimée-globuleuse, très largement ombiliquée; spire composée de quatre tours très convexes, bien étagés, à croissance rapide, séparés par des sutures profondes; sommet obtus; dernier tour énorme, à section presque régulièrement circulaire, plus convexe dessous que dessus, descendant à l'extrémité; ouverture oblique, régulièrement circulaire; ombilic large, profond et un peu évasé; péristome continu.

Diamètre maximum : 3 1/4 millimètres; diamètre minimum : 2 3/4 millimètres; hauteur : 2 millimètres; diamètre de l'ouverture égal à sa hauteur : 1 1/4 millimètre.

Test mince, peu fragile, d'un blanc corné assez brillant avec le sommet jaunâtre, très finement et régulièrement strié.

Cette espèce, qui est la seule Valvée jusqu'ici connue de l'intérieur de l'Afrique tropicale [2], paraît assez polymorphe : l'allure de la spire permet de distinguer, en dehors de la forme normale, des variations *depressa* (pl. II, fig. 29-30-31) et *alta* plus ou moins nettement caractérisées.

> Sekhab (Egueï).
> Hangara (Egueï).
> 2 kilomètres à l'Ouest de Hangara (Egueï).
> Entre Ouaui et Hangara (Moji).
> Gouradi (Toro).
> Ali Agrenga (Egueï).
> Puits Koukourdeye (Egueï).

[1] Espèce dédiée à M. TILHO, chef de la mission de délimitation Niger-Tchad.

[2] On connaît un *Valvata Revoili* Bourguignat, recueilli dans l'Ouabi, à quelques jours de marche de Mogeredouchou (Est africain), par le voyageur français G. REVOIL. Cette espèce a été décrite et figurée par J. R. BOURGUIGNAT. [*Mollusques Afrique équatoriale;* mars 1889, p. 189, pl. VIII, fig. 5-6.]

PÉLÉCYPODES.

FAMILLE DES **UNIONIDÆ**.

GENRE **Unio** Philippsson.

§. **Nodularia** Conrad.

Unio (Nodularia) Lacoini Germain.

(Pl. II, fig. 25; et pl. III, fig. 4.)

1905. *Unio (Nodularia) Lacoini* GERMAIN, *Bulletin Muséum hist. natur. Paris;* XI, p. 489 (*sans descript.*).
1906. *Unio (Nodularia) Lacoini* GERMAIN, *Mémoires soc. zoolog. France;* XIX, p. 237, pl. IV, fig. 11-12.
1907. *Unio (Nodularia) Lacoini* GERMAIN, *Mollusques terr. fluv. Afrique centrale française;* p. 545.
1909. *Unio (Nodularia) Lacoini* GERMAIN, *Bulletin Muséum hist. natur. Paris;* XV, p. 375 et p. 470.

Cette espèce est le Pélécypode le plus répandu dans le lac Tchad. Il possède, d'autre part, un polymorphisme très étendu, aussi bien au point de vue de la forme générale qu'au point de vue de la taille ou de l'ornementation du test. J'étudierai ce polymorphisme en détail dans le mémoire que je compte prochainement publier sur les Mollusques recueillis par M. R. CHUDEAU. Voici cependant, à titre documentaire, un tableau des principales dimensions de quelques-uns des exemplaires recueillis par M. G. GARDE :

NUMÉROS DES EXEMPLAIRES.	LONGUEUR MAXIMUM.	HAUTEUR MAXIMUM.	ÉPAISSEUR MAXIMUM.
	millimètres.	millimètres.	millimètres.
1	42	33	22
2	35	23	14
3	34	18	16
4	33	22	19
5	32	23	16
6	31	22	19 1/2
7	30	21	15
8	29	20	14
9	29	21	16
10	28	18	14
11	27 1/2	18	14
12	27	18	14
13	27	20	13 1/2
14	23	16	12

L'examen de ce tableau montre, à côté des var. EX FORMA : *elongata, curta* et *compressa*, que j'ai déjà signalées, l'existence d'une var. *ventricosa* très nette.

Les stries communiquent parfois au test un aspect soyeux (pl. III, fig. 4). Je figure (pl. II, fig. 25) un échantillon montrant la disposition si particulière prise, quelquefois, par les tubercules chevronnés. Une telle forme, d'ailleurs exceptionnelle, est reliée au type par de nombreux intermédiaires.

> Bosso, dans le Tchad.
> Entre Bosso et l'embouchure de la Komadougou-Yoobé, dans le lac Tchad.
> N'Guigmi, dans le Tchad.
> Garoa, dans le Tchad.
> Entre N'Guigmi et Garoa, dans le Tchad.
> Nord de Kouloa, dans le Tchad.
> Madiorou.
> Intérieur du Tchad, à 20 kilomètres à l'Ouest de N'Gollom.
> Intérieur du Tchad, à 30 kilomètres du bord Ouest.
> Intérieur du Tchad, à 40 kilomètres du bord Ouest.
> Bancs de sable, à l'intérieur du Tchad.
> Intérieur du Tchad [envoi de M. le lieutenant de vaisseau AUDOIN].
> Kélékorarom, dans le Tchad.
> Kabirom (Sud-Est du Tchad).
> Am Raya (Bahr el Ghazal).

Famille des **MUTELIDÆ**.

Genre **Spatha** Lea.

§. **Leptospatha** de Rochebrune et Germain.

Spatha (Leptospatha) Stuhlmanni Martens.

1898. *Spatha Stuhlmanni* MARTENS, *Beschalte Weichthiere Ost-Afrik.;* p. 250; figuré à la même page.
1900. *Spatha Stuhlmanni* SIMPSON, *Synopsis of Naïades; Proceed. unit. st. nation. Museum;* XXII, p. 900.
1908. *Spatha (Leptospatha) Stuhlmanni* GERMAIN, *Journal de Conchyliologie;* LVI, p. 114.

Le test de cette espèce, qui a été abondamment recueilli par M. A. CHEVA-LIER dans le Chari[1], est d'un marron sombre brillant, vert aux environs des sommets. Ces derniers, qui sont souvent excoriés, apparaissent alors d'un vert brillant, fortement irisé. Les stries sont fines, serrées, plus fortes et un peu lamelleuses à la région postérieure. La nacre, toujours bien irisée, est soit d'un

---

[1] C'est par oubli que cette espèce ne figure pas dans mon travail sur *Les Mollusques terr. et fluv. de l'Afrique centrale française,* 1907.

beau bleu de Prusse, soit d'un magnifique rose saumoné. Voici les dimensions des spécimens recueillis par M. G. Garde :

Longueur totale.....................	73^{mm}	66^{mm}	66^{mm}	62^{mm}
Hauteur maximum...................	39	34	31	33
Épaisseur maximum.................	22	23	20	22

Certains exemplaires montrent des lignes rayonnantes vertes très peu apparentes, comme dans le *Spatha (Leptospatha) cryptoradiata* Putzeys[1]. Ces deux espèces sont d'ailleurs très voisines et convergent l'une vers l'autre; aussi conviendra-t-il peut-être de les réunir lorsqu'on possédera des matériaux de comparaison plus nombreux.

Le *Spatha Stuhlmanni* Martens, découvert dans les tributaires de l'Albert-Nyanza (Emin Pacha, Stuhlmann), a été retrouvé non seulement dans le bassin du Chari (A. Chevalier), mais encore dans les rivières de la Côte d'Ivoire (A. Chevalier)[2]. C'est donc encore une espèce à grande distribution géographique.

Vallée de la Komadougou-Yoobé[3].

Genre Mutela Scopoli.

Mutela nilotica Cailliaud.

(Pl. III, fig. 8.)

1823. *Iridina nilotica* Cailliaud. *Voyage à Méroë*; t. IV (1827). p. 262: Atlas, II (1823), pl. LX, fig. 11.

1824. *Iridina nilotica* de Férussac, in Sowerby, *Zoolog. Journal*; I. p. 53. pl. II.

1827. *Iridina nilotica* Audouin, in Savigny, *Descript. Mollusques Égypte*; pl. VII. fig. 2.

1827. *Iridina nilotica* Crouch, *Illustr. Introd. to Lamarck's Conchology*; p. 17, pl. X. fig. 1.

1836. *Iridina nilotica* Lea, *Synopsis of Naïades*; p. 33.

1843. *Iridina nilotica* Hanley, *Catal. of recent Bivalve Shells*; p. 225.

1845. *Iridina nilotica* Catlow et Reeve, *Conchol. nomencl.*; et *Catalogue of rec. Shells*; p. 68.

1853. *Iridina nilotica* Deshayes, *Traité élément. Conchyl.*; II. p. 219, pl. XVII. fig. 6-7.

1856. *Mytilus niloticus* Wood, *Index Testaceologicus* (éd. par Sylv. Hanley): p. 207. pl. II, fig. 1.

[1] Putzeys, *Annales (Bullet. des séances) soc. roy. malacologique Belgique*; 1898, p. xxvii, fig. 14-15.

[2] Sous la forme de la var. *comoeensis* Germain [*Journal de Conchyliologie*; LVI, 1908, p. 114, pl. III, fig. 12].

[3] Je viens de retrouver, dans les collections du Muséum, trois beaux échantillons de cette espèce recueillis à Begra, sur les bords de la Komadougou, le 13 janvier 1900, par M. F. Foureau (mission saharienne Foureau-Lamy). Ils présentent les mêmes caractères que ceux récoltés par M. G. Garde et dont il vient d'être question.

1857. *Mutela nilotica* H. et A. Adams, *Genera of recent Moll.;* II, p. 506.

1859. *Iridina nilotica* Chenu, *Manuel de Conchyl.;* II, p. 148, fig. 727.

1868. *Iridina nilotica* Sowerby. in Reeve, *Conchol. Iconica;* XVI. pl. II, fig. 4.

1874. *Iridina nilotica* Jickeli, *Land- und Süssw. Mollusken Nordost-Afrik.;* p. 259.

1883. *Mutela nilotica* Bourguignat, *Hist. malacol. Abyssinie;* p. 136.

1890. *Mutela nilotica* Paëtel, *Conchol. Sam.;* III, p. 187.

1890. *Mutela nilotica* Westerlund, *Fauna palaart. reg. Binnenconchylien;* part. VII, p. 313.

1898. *Mutela nilotica* Martens, *Beschalte Weichth. Ost-Afrik.;* p. 253.

1900. *Mutela nilotica* Simpson, Synopsis of Naïades; *Proceed. unit. st. nation. Museum;* XXII, p. 903.

1903. *Mutela nilotica* Pallary, *Mollusques Dr. Innes dans le haut Nil;* p. 12.

Cette espèce, abondante dans beaucoup de rivières de l'Afrique équatoriale, se retrouve dans le lac Tchad, où elle a été recueillie par M. G. Garde. Quelques exemplaires appartiennent à la variété *elongata* Sowerby [1]. Celui que je figure ici (pl. III, fig. 8) mesure 121 millimètres de longueur maximum, 48 millimètres de hauteur maximum et 32 millimètres d'épaisseur maximum. Le test est épais, solide, d'un marron assez foncé, excorié près des sommets; les stries d'accroissement sont irrégulières, assez fines, un peu lamelleuses postérieurement. Toutes les impressions musculaires sont fortement marquées; enfin la nacre est saumonée et très irisée.

Entre Garoa et N'Guigmi. Nord-Ouest du Tchad.

---

[1] Simpson, dans son *Synopsis of Naïades* [*Proceed. unit. st. nation. Museum;* XXII, 1900, p. 903], rapporte à tort l'*Iridina elongata* Sowerby à l'*Iridina exotica* de Lamarck (*Animaux sans vertèbres;* VI, 1819, p. 69). J'ai montré [Germain (Louis), *Archives zoologie expér.;* 5° série, 1, p. 43 et p. 58] que l'*Iridina exotica* de Lamarck appartenait au sous-genre *Iridina* (= *Cameronia* Bourguignat) du genre *Pliodon* et, par suite, devait s'appeler : *Pliodon* (*Iridina*) *exotica* de Lamarck.

Quant à l'*Iridina elongata* Sowerby, c'est une variété du *Mutela nilotica* Cailliaud, dont la synonymie s'établit comme suit :

Mutela nilotica Cailliaud.

Variété *elongata* Sowerby.

1821. *Iridina elongata* Sowerby, *Recent and foss. Shells;* VII, fig. 1.

1834. *Iridina elongata* Oken, *Isis;* p. 458.

1838. *Platiris* (*Spatha*) *elongata* Lea, *Synopsis of Naïades;* p. 34.

1839. *Iridina elongata* Sowerby, *Conch. Man.;* fig. 150.

1840. *Iridina elongata* Swainson, *Treatise of Malacology;* p. 286, fig. 60.

1841. *Iridina elongata* Reeve, *Conch. Syst.;* I, p. 122, pl. XCII.

1843. *Iridina elongata* Hanley, *Catal. of rec. biv. Shells;* p. 225.

1868. *Iridina elongata* Sowerby, in Reeve, *Conchol. Iconica;* XVI, pl. I, fig. 1.

1886. *Mutela Moineti* Bourguignat, *Union. Iridin. lac Tanganika;* p. 27.

1890. *Mutela elongata* Paëtel, *Conch. Sam.;* III, p. 187.

1900. *Mutela exotica* Simpson, Synopsis of Naïades; *Proceed. unit. st. nation. Museum;* XXII, p. 903 (*pars non* de Lamarck).

Je rapporte, sans aucun doute possible, le *Mutela Moineti* Bourguignat à la variété *elongata* Sowerby. La photographie du type de Bourguignat (pl. III, fig. 1), aujourd'hui au Muséum d'histoire naturelle de Paris, suffit à montrer l'exactitude de ce rapprochement.

4.

Mutela angustata Sowerby.

1868. *Iridina angustata* Sowerby in Reeve, *Conchol. Iconica;* XVI, pl. II, fig. 5.
1874. *Mutela angustata* Jickeli, *Land- und Süssw. Mollusk. Nord-Ost Afrika;* p. 268.
1890. *Mutela angustata* Paëtel, *Conch. Sam.;* III, p. 187.
1890. *Mutela angustata* Westerlund, *Fauna paläarct. region Binnenconchylien;* part. VII,
       p. 312.
1900. *Mutela angustata* Simpson, *Proceed. unit. st. nation. Museum;* XXII, p. 904.
1906. *Mutela angustata* Germain, *Bulletin Muséum hist. natur. Paris;* XII, p. 55, p. 59 et
       p. 174.
1907. *Mutela angustata* Germain, *Mollusques terr. fluv. Afrique centrale française;* p. 564.

Cette espèce, qui est assez abondante dans le lac Tchad pour que les indi-
gènes la désignent sous le nom de *Cofoui*[1], doit être considérée comme une
variété du *Mutela nilotica* Cailliaud. Elle en diffère surtout par la divergence,
plus ou moins accentuée, de ses bords supérieur et inférieur.

Entre Garoa et N'Guigmi, Nord-Ouest du Tchad.

Variété *ponderosa* Germain.

1905-1906. *Mutela angustata,* variété *ponderosa* Germain, *Bulletin Muséum hist. natur.
       Paris;* XI, p. 489 (*sans descript.*) et XII (1906), p. 56, fig. 1 et p. 59.
1907. *Mutela angustata,* variété *ponderosa* Germain, *Mollusques terr. fluv.. Afrique centrale
       française;* p. 565, fig. 95.

Cette variété, caractérisée par son test épais, pesant, très grossièrement et
irrégulièrement strié, est toujours de grande taille. Longueur maximum : 132 millimètres; hauteur maximum : 58 millimètres; épaisseur maximum : 43 millimètres.

Bosso, dans le Tchad.

Genre **Mutelina** Bourguignat.

Mutelina rostrata Rang.

(Pl. III, fig. 7.)

1835. *Iridina rostrata* Rang, *Nouv. Ann. Muséum Paris;* p. 316.
1836. *Iridina cœlestis* Lea, *Synopsis of Naïades;* p. 57.

---

[1] Destenave (Lieut.-col.). Le lac Tchad; 2ᵉ partie, les habitants, la faune, la flore; *Revue générale sc. pures et appliquées;* XIV, 1903, p. 726.

1838. *Iridina cœlestis* LEA, *Trans. Amer. philos. soc.;* VI, p. 82, pl. XXII, fig. 70.
1838. *Iridina cœlestis* LEA, *Observ. genus Unio;* II, p. 82, pl. XXII, fig. 70.
1838. *Platiris (Spatha) cœlestis* LEA, *Synopsis of Naïades;* p. 33.
1839. *Iridina cœlestis* TROSCHEL, *Archiv. für natur.;* V, part. 2, p. 239.
1843. *Iridina cœlestis* HANLEY, *Catal. of recent biv. Shells;* p. 225.
1844. *Iridina rostrata* POTIEZ et MICHAUD, *Galerie Mollusques Douai;* p. 147, pl. LVI, fig. 1.
1847. *Iridina cœlestis* TROSCHEL, *Archiv. für natur.;* XIII, part. 1, p. 273.
1852. *Platiris (Spatha) cœlestis* LEA, *Synopsis of Naïades;* p. 55.
1868. *Iridina cœlestis* SOWERBY, in REEVE, *Conchol. Icon.;* XVI, pl. II, fig. 3.
1870. *Platiris (Spatha) cœlestis* LEA, *Synopsis of Naïades;* p. 89.
1874. *Mutela rostrata* JICKELI, *Land- und Süssw. Mollusk. Nord-Ost Afrik.;* p. 269.
1876. *Mutela cœlestis* CLESSIN, in MARTINI und CHEMNITZ, *Syst. Conchyl. Cabinet; Anod.;* p. 193, Taf. XXV, fig. 1-2.
1886. *Mutelina legumen* DE ROCHEBRUNE, *Bullet. soc. malacol. France;* II, p. 5.
1886. *Mutelina Tholloni* DE ROCHEBRUNE, *loc. cit.;* II, p. 6.
1886. *Mutelina prasina* DE ROCHEBRUNE, *loc. cit.;* II, p. 7.
1886. *Mutelina rostrata* JOUSSEAUME, *Bullet. soc. zoolog. France;* II, p. 488 (tir. à part, p. 18).
1890. *Mutela cœlestis* PAËTEL, *Conch. Sam.;* III, p. 187.
1890. *Mutela rostrata* PAËTEL, *loc. cit.;* III, p. 187.
1890. *Mutela rostrata* WESTERLUND, *Fauna paläart. reg. Binnenconchylien;* part. VII, p. 312.
1900. *Mutela rostrata* SIMPSON, *Syn. of Naïades; Proceed. unit. st. nation. Museum;* XXII, p. 905.
1906. *Mutelina rostrata* GERMAIN, *Bulletin Muséum hist. natur. Paris;* XII, p. 59.
1906. *Mutelina rostrata* GERMAIN, *Mémoires soc. zoolog. France;* XIX, p. 239.
1907. *Mutelina rostrata* GERMAIN, *Mollusques terr. fluv. Afrique centrale française;* p. 568.

Avec de très nombreux exemplaires de l'*Unio (Nodularia) Lacoini* Germain, M. G. GARDE a recueilli quelques échantillons de cette espèce. Je figure ici (pl. III, fig. 7) un spécimen jeune de *Mutelina rostrata* Rang, qui montre combien la coloration du test est différente chez l'animal jeune de celle qu'on observe chez les individus adultes.

Intérieur du Tchad, à 40 kilomètres du bord Ouest.
Intérieur du Tchad, sur les bancs de sable.

Mutelina Mabillei de Rochebrune.

1886. *Mutelina Mabillei* DE ROCHEBRUNE, *Bullet. soc. malacologique France;* II, p. 7.
1886. *Mutelina paludicola* DE ROCHEBRUNE, *loc. supra cit.;* II, p. 8.
1900. *Mutelina Mabillei* SIMPSON, *Synopsis of Naïades; Proceed. unit. st. nation. Museum;* XXII, p. 906 (*incert. sedis*).
1900. *Mutelina paludicola* SIMPSON, *loc. supra cit.;* XXII, p. 906 (*inc. sedis*).
1907. *Mutelina Mabillei* GERMAIN, *Mollusques terr. fluv. Afrique centrale française;* p. 569.

Variété **Gaillardi** Germain, *nov. var.*

(Pl. III, fig. 5-6.)

1909. *Mutelina Mabillei* DE ROCHEBRUNE, variété *Gaillardi* GERMAIN, *Bulletin Muséum hist. natur. Paris;* XV, p. 477.

Coquille de taille médiocre, étroite, allongée, un peu siliquiforme, assez comprimée; valves bien bâillantes antérieurement, très bâillantes postérieurement; bords supérieur et inférieur subparallèles; bord supérieur rectiligne; bord inférieur subrectiligne, très légèrement subsinueux en son milieu; angle antéro-dorsal aigu; région antérieure très courte, subconique, arrondie, bien décurrente à la base; région postérieure extrêmement longue, quatre fois aussi longue que l'antérieure, terminée par un rostre obliquement tronqué et subarrondi; sommets petits, peu saillants, incurvés, érosés; crête dorsale très émoussée; ligament long de 31 millimètres, peu saillant, brunâtre; charnière filiforme; impressions musculaires : antérieures, profondes; postérieures, assez profondes; palléale, très fortement marquée.

Longueur maximum : 58 [59 1/2] millimètres; hauteur maximum : 21 1/2 [21 1/2] millimètres, à 24 [24 1/2] millimètres des sommets; hauteur sous les sommets : 15 3/4 [17] millimètres; longueur de la région antérieure : 11 [11 1/2] millimètres; longueur de la région postérieure : 48 [49] millimètres; épaisseur maximum : 12 1/2 [13] millimètres.

Test assez solide, marron jaunâtre passant au brun plus foncé à la région antérieure, un peu grisâtre près des sommets; stries d'accroissement irrégulières, serrées, plus fortes et légèrement lamelleuses sur la région postérieure; intérieur des valves orné d'une nacre bleuâtre, un peu rougeâtre sous les sommets, bien irisée.

Comparée au *Mutelina Mabillei* de Rochebrune, variété *Frasi* Germain [1], cette coquille s'en distingue :

Par sa forme générale différente; par ses bords supérieur et inférieur parallèles et non divergents; par la forme si spéciale de sa région antérieure qui est en outre beaucoup plus courte; par sa région postérieure plus arrondie; enfin, par son test plus épais et bien plus pesant.

Intérieur du lac Tchad, à 30 kilomètres du bord Ouest.
Intérieur du lac Tchad, à 40 kilomètres du bord Ouest.

---

[1] GERMAIN (Louis). Les Mollusques terrestres et fluviatiles de l'Afrique centrale française, *in* CHEVALIER (A.), *L'Afrique centrale française;* 1907, p. 570, fig. 97.

FAMILLE DES **CYRENIDÆ**.

GENRE **Corbicula** Megerle von Mühlfeldt.

Corbicula Lacoini Germain.

1905-1906. *Corbicula Lacoini* GERMAIN, *Bulletin Muséum hist. natur. Paris;* XI. p. 487 et
    XII (1906), p. 55.
1906. *Corbicula Lacoini* GERMAIN, *Mém. soc. zoolog. France;* XIX. p. 241. pl. IV,
    fig. 13-14.
1907. *Corbicula Lacoini* GERMAIN, *Mollusques terr. fluv. Afrique centrale française;* p. 579.
1909. *Corbicula Lacoini* GERMAIN, *Bulletin Muséum hist. natur. Paris;* XV, p. 471.

Les nombreux spécimens recueillis par M. G. GARDE ont un test un peu épais,
solide, le plus généralement jaunâtre, devenant rougeâtre plus ou moins vif
près des sommets, qui sont très saillants. Les stries d'accroissement sont fines
et un peu irrégulières; la nacre est d'un très beau violet.

Hauteur maximum : 10-11 millimètres; diamètre maximum : 8 1/2-
10 3/4 millimètres; épaisseur maximum : 6-8 millimètres.

Les jeunes ont une coquille moins développée en hauteur; leurs sommets
sont très proéminents et fortement incurvés; enfin leurs valves, minces et lé-
gères, recouvertes d'un épiderme rosé, devenant jaunâtre inférieurement, sont
ornées de stries serrées et très délicates.

Quelques échantillons de grande taille [hauteur : 13 millimètres; diamètre
maximum : 11 1/2 millimètres; épaisseur totale : 8 millimètres] ont un test
plus solide, plus pesant, recouvert d'un épiderme plus sombre, d'un marron
plus ou moins foncé. Même dans ce cas, la région des sommets conserve sa
teinte rosée. Je donne à cette var. *ex colore* le nom de var. *castanea* Germain.

Entre Bosso et l'embouchure de la Komadougou-Yoobé, dans le lac Tchad.
N'Guigmi, dans le lac Tchad (entre le poste et le village).
Garoa, dans le lac Tchad.
N'Gollom, dans le lac Tchad.
Madiorou, dans le lac Tchad.
Intérieur du Tchad, à 20 kilomètres à l'Ouest de N'Gollom.
Intérieur du Tchad, à environ 30 kilomètres du bord Ouest.
Intérieur du Tchad, à environ 45 kilomètres du bord Ouest.
Intérieur du Tchad [envoi de M. le lieutenant de vaisseau AUDOIN].
Bancs de sable à l'intérieur du Tchad.
Kélékorarom, dans le lac Tchad.
Am Raya (Bahr el Ghazal).
N'Gouri; 15 à 20 kilomètres au Nord de N'Gouri, sur la route de Mao (Kanem).

Corbicula fluminalis Müller.

1774. *Tellina fluminalis* MÜLLER. *Vermium terr. et fluv. histor.;* II, p. 205, n° 390.

1774. *Tellina fluviatilis* MÜLLER, *Vermium terr. et fluv. histor.;* II, p. 205, n° 392.

1782. *Venus fluminalis euphratis* MARTINI und CHEMNITZ, *System. Conchyl. Cabinet;* VI, p. 319, tab. XXX, fig. 320.

1782. *Venus fluviatilis* MARTINI und CHEMNITZ. *System. Conchyl. Cabinet;* VI. p. 320. tab. XXX, fig. 321.

1818. *Cyrena orientalis* DE LAMARCK. *Hist. natur. animaux s. vertèbres;* V. p. 552. n° 2.

1818. *Cyrena cor* DE LAMARCK, *loc. cit.;* V, p. 552. n° 3.

1818. *Cyrena fuscata* DE LAMARCK, *loc. cit.;* V. p. 552, n° 4.

1823. *Cyrena consobrina* CAILLIAUD. *Voyage à Méroë;* IV, p. 263; et Atlas, II (1827), pl. LXI, fig. 10-11.

1835. *Cyrena orientalis* DE LAMARCK. *Hist. natur. animaux s. vertèbres;* éd. II [par DESHAYES], VI, p. 273, n° 2.

1835. *Cyrena cor* DE LAMARCK, *loc. cit.;* éd. II [par DESHAYES], VI, p. 174, n° 3.

1835. *Cyrena fuscata* DE LAMARCK. *loc. cit.;* éd. II [par DESHAYES], VI. p. 274, n° 4.

1853. *Cyrena fluminalis* BOURGUIGNAT, *Catalogue Mollusques terr. fluv. Saulcy Orient;* p. 79.

1866. *Cyrena (Corbicula) consobrina* MARTENS. *Malakozool. Blätter;* p. 14.

1866. *Cyrena (Corbicula) cor* MARTENS, *Malakozool. Blätter;* p. 13.

1868. *Cyrena cor* MORELET, *Mollusques voyage Welwitsch;* p. 40.

1871. *Cyrena (Corbicula) fluminalis* MARTENS, *Malakozool. Blätter;* p. 61, n° 21, Taf. I, fig. 12-13-14; et p. 66, n° 4.

1874. *Corbicula fluminalis* JICKELI. *Fauna d. Land- und Süsswasser-Mollusken N. O. Afrik.;* p. 283, Taf. XI. fig. 4-9.

1875. *Cyrena cor* REEVE. *Conchologia Iconica;* XX, *Cyrena*, pl. XII, sp. 51.

1889. *Corbicula ægyptiaca* BOURGUIGNAT, *Mollusques Afrique équatoriale;* p. 190 (sans descript.).

1889. *Corbicula Degousei* BOURGUIGNAT, *loc. cit.;* p. 190 (sans descript.).

1889. *Corbicula subtruncata* BOURGUIGNAT, *loc. cit.;* p. 190 (sans descript.).

1904. *Corbicula consobrina* PALLARY, *Bulletin Institut égyptien;* p. 8.

1905. *Corbicula fluminalis* NEUVILLE et ANTHONY. *Bulletin Muséum hist. natur. Paris;* XI, p. 116.

1906. *Corbicula fluminalis* NEUVILLE et ANTHONY, *Bulletin Muséum hist. natur. Paris;* XII, p. 409.

1906. *Corbicula consobrina* GERMAIN, *Bulletin Muséum hist. natur. Paris;* XII, p. 582. fig. 17 a.

1906. *Corbicula kynganica* BOURGUIGNAT in GERMAIN, *loc. cit.;* XII, p. 582, fig. 18 a [1].

1906. *Corbicula subtruncata* GERMAIN. *loc. cit.;* XII, p. 582, fig. 17 c [1].

1906. *Corbicula ægyptiaca* GERMAIN, *loc. cit.;* XII, p. 582, fig. 17 b [1].

1906. *Corbicula Degousei* GERMAIN, *loc. cit.;* XII, p. 583, fig. 17 d [1].

1906. *Corbicula Cameroni* BOURGUIGNAT, in GERMAIN, *loc. cit.;* XII, p. 583, fig. 18 d [1].

1906. *Corbicula Jouberti* BOURGUIGNAT, in GERMAIN, *loc. cit.;* XII, p. 584, fig. 18 c [1].

[1] Toutes ces formes considérées, dans ce travail, comme synonymes du *Corbicula consobrina* Cailliaud.

1906. *Corbicula fluminalis* Neuville et Anthony, *Comptes rendus Acad. sc. Paris;* 2 juillet.
1906. *Corbicula fluminalis* Neuville et Anthony, *Bulletin soc. philomatique Paris;* 9ᵉ série, VIII, p. 31.
1908. *Corbicula fluminalis* Neuville et Anthony, *Annales sciences natur.; Zoologie;* 9ᵉ série, VIII, p. 336.
1909. *Corbicula subtruncata* Pallary, *Catalogue faune malacolog. Égypte;* p. 70.
1909. *Corbicula subtruncata*, variété *ægyptiaca* Pallary. *loc. cit.;* p. 70.
1909. *Corbicula consobrina* Pallary, *loc. cit.;* p. 71. fig. 2.
1909. *Corbicula nilotica* Bourguignat, in Pallary, *loc. cit.;* p. 71.
1909. *Corbicula bithydea* Bourguignat, in Pallary, *loc. cit.;* p. 71.
1909. *Corbicula eucistœra* Bourguignat, in Pallary, *loc. cit.;* p. 71.
1909. *Corbicula chlora* Bourguignat, in Pallary, *loc. cit.;* p. 71 [1].

M. G. Garde a recueilli d'assez nombreux spécimens de cette *espèce nilotique.* Voici les principaux caractères des individus du Bahr el Ghazal :

Coquille ovalaire-subtrigone, plus large que haute; région antérieure un peu plus courte que la postérieure; sommets assez gros, incurvés, un peu proéminents; ligament court, robuste: charnière comprenant, sur la valve droite : trois cardinales fortes, bien convergentes vers le haut; deux lamelles antérieures fortes, l'inférieure plus robuste et légèrement serrulée; deux lamelles postérieures, l'inférieure plus robuste et très fortement serrulée; — sur la valve gauche : trois cardinales robustes; deux lamelles latérales hautes, fortes, tranchantes, la postérieure plus longue que l'antérieure: impressions musculaires bien marquées.

Diamètre maximum : 14 1/2-15-15 millimètres; hauteur maximum : 14-13-14 millimètres; épaisseur maximum : 11-10 1/2-12 millimètres.

Test épais, solide, orné de côtes concentriques saillantes, irrégulières, un peu espacées, notablement atténuées vers les régions antérieure et postérieure.

On voit, par ces détails, que les spécimens récoltés par M. G. Garde ne diffèrent de ceux du Nil que par leur taille plus petite. Il est particulièrement intéressant de retrouver le *Corbicula fluminalis* Müller dans le bassin du Tchad, cette espèce n'ayant été jusqu'ici rencontrée, en Afrique, que dans le Nil ou ses affluents. La présence, dans le Kanem, d'un Pélécypode *aussi caractéristique de la faune fluviatile nilotique* apporte un nouvel argument de grande valeur en faveur de l'existence de communications fluviatiles relativement récentes entre le bassin du Nil et la dépression du Tchad.

Am Raya (Bahr el Ghazal).

[1] J'ai limité le tableau synonymique aux références se rapportant à la faune africaine; je traiterai complètement la question dans mon travail : *Mollusques terrestres et fluviatiles recueillis en Syrie par M. H. Gadeau de Kerville,* actuellement sous presse.

Corbicula Audoini Germain, *nov. sp.*

(Pl. II, fig. 35-36-37.)

1909. *Corbicula Audoini* Germain, *Bulletin Muséum hist. natur. Paris;* XV. p. 475.

Coquille assez petite, médiocrement comprimée, ovalaire-subtrigone; régions antérieure et postérieure subégales; bord inférieur régulièrement convexe, mais à convexité peu accentuée; sommets bien proéminents, fortement incurvés; ligamènt court et médiocre; charnière relativement robuste, comprenant sur la valve droite : 3 cardinales très faibles bien convergentes en haut; 4 lamelles latérales assez élevées, les antérieures à peine plus courtes : sur la région antérieure, aussi bien que sur la région postérieure, la lamelle supérieure est moins élevée, et surtout, beaucoup moins longue; sur la valve gauche : 3 cardinales faibles et deux lamelles latérales hautes, tranchantes, très légèrement serrulées; impressions musculaires très faibles.

Longueur maximum : 7 millimètres; hauteur : 6 millimètres; épaisseur maximum : 5 millimètres.

Test assez mince, fragile, corné blanchâtre très clair avec, parfois, une tache violacée qui, partant des sommets, se dirige en rayonnant vers le bord inférieur, mais sans atteindre ce dernier; stries irrégulières assez espacées, un peu élevées, à peine atténuées antérieurement et postérieurement; intérieur des valves blanchâtre ou violacé.

Hacha (Egueï).
Ali Agrenga (Egueï).
Sekhab (Egueï).
Koukourdeye (Egueï).

Genre **Pisidium** C. Pfeiffer.

Pisidium Landeroini Germain, *nov. sp.*

(Pl. II, fig. 32-33.)

1909. *Pisidium (Eupera) Landeroini* Germain, *Bulletin Muséum hist. natur. Paris;* XV, p. 476.

Coquille très petite, subtrigone, peu ventrue; région antérieure arrondie; région postérieure nettement descendante, plus longue que l'antérieure; bord antérieur subconvexe; bord postérieur subrectiligne dans une direction descendante; bord inférieur régulièrement convexe; sommets très petits et peu proéminents; ligament court et étroit; charnière relativement robuste montrant, sur la valve droite : 1 cardinale assez forte et 4 lamelles latérales robustes, bien arquées et limitant un espace ovoïde, les antérieures presque aussi développées que les postérieures; sur la valve gauche : 2 cardinales obliques et triangulaires et 2 lamelles latérales tranchantes, un peu élevées et légèrement arquées; impressions musculaires presque nulles.

Longueur maximum : 2 1/4 millimètres; hauteur maximum : 2 millimètres; épaisseur maximum : 1-1 1/4 millimètre.

Test mince, fragile, blanchâtre; stries extrêmement fines, à peine visibles, irrégulières et très atténuées antérieurement et postérieurement.

Haugara (Egueï).
2 kilomètres à l'Ouest de Hangara (Egueï).
Entre Ouani et Hangara (Moji).
Gouradi (Toro).

APPENDICE I.

LISTE, PAR LOCALITÉS, DES MOLLUSQUES

RECUEILLIS PAR M. G. GARDE

AU COURS DE LA MISSION DE DÉLIMITATION DU NIGER-TCHAD

(MISSION TILHO).

I. Bosso [1].

Physa (Isidora) strigosa, Martens.
Planorbis Bridouxi, Bourguignat.
Planorbis Gardei, Germain.
Vivipara unicolor, Olivier.
Cleopatra cyclostomoides Küster, variété tchadiensis, Germain.
Bythinia (Gabbia) Neumanni, Martens.
Melania tuberculata, Müller.
Unio (Nodularia) Lacoini, Germain.
Mutela angustata Sowerby, variété ponderosa, Germain.

II. Bosso.

Bord occidental du Tchad, à une dizaine de kilomètres au Nord de Bosso.

Vivipara unicolor, Olivier.
Cleopatra bulimoides Küster, variété Richardi, Germain.
Melania tuberculata, Müller.
Unio (Nodularia) Lacoini, Germain.
Corbicula Lacoini, Germain.
Corbicula *sp. ind.*

III. Bosso.

Zone sableuse entre Bosso et l'embouchure de la Komadougou-Yoobé, à 5 ou 6 kilomètres à l'Est de Bosso.

Physa (Isidora) strigosa, Martens.
Planorbis Bridouxi, Bourguignat.

---

[1] Le lecteur est prié de se reporter à la carte qui précède ce mémoire.

Vivipara unicolor, Olivier.
Cleopatra cyclostomoides Küster, variété tchadiensis, Germain.
Melania tuberculata, Müller.
Unio (Nodularia) Lacoini, Germain.
Corbicula Lacoini, Germain.

IV. Vallée de la Komadougou-Yoobé.

Limicolaria turriformis, Martens.
Ampullaria speciosa, Philippi.
Spatha (Leptospatha) Stuhlmanni, Martens.

V. N'Guigmi.

A la base septentrionale de la dune qui supporte le poste.

Limnæa *sp. ind.*
Physa (Isidora) strigosa, Martens.
Physa (Isidora) trigona, Martens.
Physa (Isidora) tchadiensis, Germain.
Physa (Pyrgophysa) Dautzenbergi, Germain.
Planorbis Chudeaui, Germain.
Planorbis Gardei, Germain.
Planorbis Bridouxi, Bourguignat.
Planorbis sudanicus, Martens.
Planorbula tchadiensis, Germain.
Segmentina Chevalieri, Germain.
Bythinia (Gabbia) Neumanni, Martens.

VI. N'Guigmi.

Entre le poste et le village.

Succinea Lauzannei, Germain.
Limnæa tchadiensis, Germain.
Physa (Isidora) strigosa, Martens.
Physa (Isidora) tchadiensis, Germain.
Physa (Pyrgophysa) Dautzenbergi, Germain.
Planorbis Bridouxi, Bourguignat.
Vivipara unicolor, Olivier.
Cleopatra cyclostomoides Küster, variété tchadiensis, Germain.
Bythinia (Gabbia) Neumanni, Martens.
Melania tuberculata, Müller.
Unio (Nodularia) Lacoini, Germain.
Corbicula Lacoini, Germain.

VII. Entre Garoa et N'Guigmi.

Unio (Nodularia) Lacoini, Germain.
Mutela angustata Sowerby, variété ponderosa, Germain.

VIII. Garoa.

Physa (Isidora) strigosa, Martens.
Physa (Isidora) tchadiensis, Germain.
Vivipara unicolor, Olivier.
Bythinia (Gabbia) Neumanni, Martens.
Melania tuberculata, Müller.
Unio (Nodularia) Lacoini, Germain.
Corbicula Lacoini, Germain.

IX. Kouloa.

Limnæa africana, Rüppell.
Limnæa africana Rüppell, variété kouloaensis, Germain.
Limnæa tchadiensis, Germain.
Limnæa Chudeaui, Germain.
Limnæa Vignoni, Germain.
Physa (Isidora) tchadiensis, Germain.
Planorbis Bridouxi, Bourguignat.
Bythinia (Gabbia) Neumanni, Martens.
Melania tuberculata, Müller.

X. Kouloa.

A une dizaine de kilomètres au Nord de Kouloa.

Succinea Lauzannei, Germain.
Limnæa africana, Rüppell.
Physa (Isidora) strigosa, Martens.
Physa (Isidora) trigona, Martens.
Physa (Isidora) tchadiensis, Germain.
Physa (Pyrgophysa) Dautzenbergi, Germain.
Planorbis Bridouxi, Bourguignat.
Planorbis tetragonostoma, Germain.
Vivipara unicolor, Olivier.
Cleopatra bulimoides, Küster.
Melania tuberculata, Müller.
Unio (Nodularia) Lacoini, Germain.

XI. Kouloa.

Entre Kouloa et Mattégou.

Sable rose avec Bythinia (Gabbia) Neumanni, Martens.

XII. N'Gollom.

Succinea Chudeaui, Germain.
Physa (Isidora) strigosa, Martens.
Physa (Isidora) tchadiensis, Germain.
Physa (Pyrgophysa) Dautzenbergi, Germain.
Vivipara unicolor, Olivier.
Melania tuberculata, Müller.
Corbicula Lacoini, Germain.

XIII. Kindjibia.

Limnæa africana, Rüppell.
Limnæa *sp. ind.* (jeunes.
Physa (Isidora) strigosa, Martens.
Physa (Isidora) tchadiensis, Germain.
Planorbis Bridouxi, Bourguignat.
Planorbis sudanicus, Martens.
Segmentina Chevalieri, Germain.
Vivipara unicolor, Olivier.
Cleopatra bulimoides, Küster.
Cleopatra bulimoides Küster, variété unilirata, Germain.
Melania tuberculata, Müller.
Unio (Nodularia) Lacoini, Germain.
Corbicula Lacoini, Germain.

XIV. Madiorou.

Limnæa africana, Rüppell.
Limnæa Vignoni, Germain.
Physa (Isidora) strigosa, Martens.
Physa (Isidora) tchadiensis, Germain.
Physa (Pyrgophysa) Dautzenbergi, Germain.
Planorbis Bridouxi, Bourguignat.
Planorbis Gardei, Germain.
Vivipara unicolor, Olivier.
Bythinia (Gabbia) Neumanni, Martens.
Melania tuberculata, Müller.
Unio (Nodularia) Lacoini, Germain.
Corbicula Lacoini, Germain.

XV. Intérieur du Tchad.

A. *Intérieur du lac, à une dizaine de kilomètres à l'Ouest de N'Gollom.*

Physa (Isidora) tchadiensis, Germain.
Vivipara unicolor, Olivier.
Cleopatra bulimoides Olivier, variété Richardi, Germain.
Bythinia (Gabbia) Neumanni, Martens.
Melania tuberculata, Müller.
Unio (Nodularia) Lacoini, Germain.
Corbicula Lacoini, Germain.
Corbicula tchadiensis, Martens.

B. *Intérieur du lac, à une trentaine de kilomètres au Nord-Est de Bosso, dans la direction de Kouloa.*

Vivipara unicolor, Olivier.
Cleopatra bulimoides, Küster.
Bythinia (Gabbia) Neumanni, Martens.
Melania tuberculata, Müller.
Unio (Nodularia) Lacoini, Germain.
Mutelina Mabillei de Rochebrune, variété Gaillardi, Germain.
Corbicula Lacoini, Germain.

C. *Intérieur du lac, à environ 35 kilomètres du bord Ouest.*

Limnæa africana, Rüppell.
Physa (Isidora) strigosa, Martens.
Physa (Isidora) tchadiensis, Germain.
Planorbis Bridouxi, Bourguignat.

D. *Intérieur du lac, à une quarantaine de kilomètres au Nord de Bosso, dans la direction de Kouloa.*

Limnæa africana, Rüppell.
Limnæa Vignoni, Germain.
Physa (Isidora) strigosa, Martens.
Planorbis Bridouxi, Bourguignat.
Planorbis sudanicus, Martens.
Bythinia (Gabbia) Neumanni, Martens.
Melania tuberculata, Müller.

E. *Intérieur du lac, à environ 45 kilomètres au Nord-Est de Bosso, dans la direction de Kouloa.*

Limicolaria connectens, Martens.
Planorbis Bridouxi, Bourguignat.

Vivipara unicolor, Olivier.
Cleopatra bulimoides Küster, variété Richardi. Germain.
Melania tuberculata, Müller.
Unio (Nodularia) Lacoini, Germain.
Mutelina rostrata, Rang.
Mutelina Mabillei, de Rochebrune, variété Gaillardi. Germain.
Corbicula Lacoini, Germain.

F. *Intérieur du lac, sans indication précise.*

    Sable avec :
Planorbis Bridouxi, Bourguignat.
Vivipara unicolor, Olivier.
Bythinia (Gabbia) Neumanni, Martens.
Melania tuberculata, Müller.
Corbicula Lacoini, Germain.

XVI. Kélékorarom.

Limnæa africana Rüppell, variété minor, Germain.
Physa (Isidora) strigosa, Martens.
Physa (Isidora) tchadiensis, Germain.
Planorbis Bridouxi, Bourguignat.
Planorbis sudanicus, Martens.
Segmentina Chevalieri. Germain.
Vivipara unicolor, Olivier.
Cleopatra bulimoides, Küster.
Melania tuberculata, Müller.
Unio (Nodularia) Lacoini, Germain.
Corbicula Lacoini, Germain.

XVII. Kamba.

A 8 kilomètres à l'Est de Kamba :

Limicolaria connectens, Martens.
Limicolaria Martensi, Smith.
Limnæa africana, Rüppell.
Limnæa africana Rüppell, variété kambaensis, Germain.
Limnæa Vignoni, Germain.
Physa (Isidora) strigosa, Martens.
Physa (Isidora) trigona, Martens.
Physa (Isidora) tchadiensis, Germain.
Planorbis sudanicus, Martens.
Planorbis tetragonostoma, Germain.
Vivipara unicolor, Olivier.
Melania tuberculata, Müller.

XVIII. N'Gouri.

A 15 kilomètres environ au Nord de N'Gouri, sur la route de Mao.

Cleopatra bulimoides, Olivier.
Melania tuberculata, Müller.
Corbicula Lacoini, Germain.

XIX. Kabirom.

Limnæa tchadiensis, Germain. ·
Physa (Isidora) strigosa, Martens.
Physa (Isidora) trigona, Martens.
Physa (Isidora) tchadiensis, Germain.
Planorbis Bridouxi, Bourguignat.
Vivipara unicolor, Olivier.
Melania tuberculata, Müller.
Unio (Nodularia) Lacoini, Germain.

XX. Am Raya.

Limnæa tchadiensis, Germain.
Physa (Isidora) strigosa, Martens.
Planorbis Bridouxi, Bourguignat.
Planorbis Chudeaui, Germain.
Planorbis Gardei, Germain.
Vivipara unicolor, Olivier.
Bythinia (Gabbia) Neumanni, Martens.
Melania tuberculata, Martens.
Unio (Nodularia) Lacoini, Germain.
Corbicula Lacoini, Germain.
Corbicula fluminalis, Müller.

XXI. Bossa.

Dans le Bahr el Ghazal.

Ampullaria speciosa, Philippi.

XXII. Fanengha.

Calcaire avec Melania tuberculata, Müller.

XXIII. Hacha.

Limnæa africana, Rüppell.
Physa (Isidora) strigosa, Martens.
Planorbis Bridouxi, Bourguignat.
Melania tuberculata, Müller.
Corbicula Audoini, Germain. ·

Dans un calcaire marneux.

XXIV. Hacha.

Entre l'Egueï et le Toro, à environ 40 kilomètres de Hacha.

Melania tuberculata. Müller.

XXV. Ali Agrenga.

Physa (Isidora) *sp. ind.* (jeune).
Planorbis Bridouxi, Bourguignat.
Bythinia (Gabbia) Neumauni. Martens.
Melania tuberculata, Müller.
Valvata Tilhoi, Germain.
Corbicula Audoini, Germain.

XXVI. Sekhab.

Melania tuberculata, Müller.
Valvata Tilhoi, Germain.
Corbicula Audoini, Germain.

Dans un calcaire pulvérulent.

XXVII. Koukourdeye.

Physa (Isidora) tchadiensis, Germain.
Planorbis Bridouxi, Bourguignat.
Melania tuberculata, Müller.
Valvata Tilhoi, Germain.
Corbicula Audoini, Germain.

XXVIII. Hangara.

A 2 kilomètres à l'Ouest de Hangara.

Planorbis Bridouxi. Bourguignat.
Melania tuberculata, Müller.

Valvata Tilhoi, Germain.
Pisidium Landeroini, Germain.

Dans des blocs de calcaire marneux.

XXIX. Hangara.

Melania tuberculata, Müller.
Valvata Tilhoi, Germain.
Pisidium Landeroini, Germain.

XXX. Hangara.

À 15 kilomètres à l'Est de Hangara.

Melania tuberculata, Müller.

XXXI. Hangara.

Entre Ouani et Hangara, à peu près à égale distance entre ces deux points d'eau.

Physa (Isidora) tchadiensis, Germain.
Melania tuberculata, Müller.
Valvata Tilhoi, Germain.
Pisidium Landeroini, Germain.

Dans un sable jaune, très fin.

Valvata Tilhoi, Germain.
Pisidium Landeroini, Germain.

Dans un calcaire marneux compact.

XXXII. Toro-Doum.

Entre Toro-Doum et Koro-Kidinga, à environ 40 kilomètres de Toro-Doum.

Melania tuberculata, Müller.

Dans un sable jaune, fin.

XXXIII. Gouradi.

Planorbis Bridouxi, Bourguignat.
Melania tuberculata, Müller.
Valvata Tilhoi, Germain.
Pisidium Landeroini, Germain.

Dans des blocs de calcaire marneux.

APPENDICE II.

CATALOGUE DES MOLLUSQUES

RECUEILLIS PAR M. LE LIEUTENANT FERRANDI

DANS L'EGUEÏ ET LE BODELI.

En 1909, M. le lieutenant Ferrandi, après avoir traversé le Kanem et l'Egueï, a parcouru une partie du Toro et du Bodeli, exploré le Djérab, et s'est avancé, d'une part, jusqu'à Om Chalouba, sur l'Ouadi Hachim, et, d'autre part, jusqu'à Argan, sur l'Ouadi Khaima, au Sud de l'Ennedi. La plus grande partie de cet itinéraire se trouve ainsi à l'Est de celui parcouru par la mission de délimitation du Niger-Tchad [mission Tilho]. Aussi la collection de Mollusques recueillis par M. le lieutenant Ferrandi, principalement dans le Djérab [1], offre-t-elle un grand intérêt, puisqu'elle vient heureusement compléter les riches matériaux rapportés par M. G. Garde et apporter de nouveaux documents en faveur des conclusions que j'ai développées dans l'Introduction de ce travail.

C'est ainsi que la faune malacologique prend, de plus en plus, un caractère nilotique à mesure que l'on s'éloigne du lac Tchad dans la direction du Nord-Est. Un cas particulier précisera cette donnée : dans le Bahr el Ghazal, non loin de Bir Gara, M. G. Garde a recueilli des exemplaires de l'*Ampullaria speciosa* Philippi, à peu près identiques à ceux découverts soit dans le Tchad, soit dans le cours de la Komadougou-Yoobé. Dans ce même Bahr el Ghazal, mais beaucoup plus à l'Est, dans les environs de Koro-Toro, M. le lieutenant Ferrandi a également constaté la présence du genre *Ampullaria;* mais, cette fois, avec l'*Ampullaria speciosa* Philippi, vit une espèce nilotique, l'*Ampullaria ovata* Olivier.

Un autre fait, très important, ressort de l'examen des matériaux rapportés par la mission. C'est que tous les pays situés au Nord et à l'Est du Tchad : le Kanem, l'Egueï, le Toro, le Bodeli et le Djérab, étaient recouverts par les eaux à une époque récente et certainement quaternaire. Le lac Tchad couvrait ainsi une énorme surface d'où émergeaient, çà et là, quelques îles qui, proba-

[1] Et, plus spécialement, à Kizimmi.

blement, étaient de peu d'étendue [1]. M. Tilho arrive également aux mêmes résultats par la discussion des observations altimétriques effectuées dans ces contrées [2]. Il est particulièrement intéressant de faire remarquer la concordance obtenue par des procédés pourtant si différents. J'ajouterai que l'étude géologique de ces régions vient de conduire M. G. Garde aux mêmes conclusions [3].

La faune de cette véritable mer intérieure était certainement très uniforme : partout, les explorateurs ont recueilli les mêmes espèces, et, dans le Djérab par exemple, à près de 1,000 kilomètres du Tchad actuel, on retrouve le *Mutela angustata* Sowerby, var. *ponderosa* Germain, qui est le Pélécypode de grande taille le plus commun du lac Tchad. Mais, vers l'extrême Nord-Est de la partie actuellement reconnue de ce bassin lacustre [Egueï, Toro, Djérab, Borkou], apparaissent des espèces [*Valvata Tilhoi* Germain, *Ampullaria ovata* Olivier, *Pisidium Landeroini* Germain, etc.], dont les affinités sont surtout nilotiques et qui indiquent nettement l'existence d'anciennes relations fluviales entre le bassin du Nil et celui du lac Tchad.

Les matériaux recueillis par M. le lieutenant Ferrandi me sont parvenus quand mon travail était entièrement rédigé. Il m'a cependant paru indispensable de les faire figurer ici, car on ne saurait les passer sous silence lorsqu'on étudie la malacologie des régions situées au Nord-Est du lac Tchad [4].

Limnæa sp. ind.

Une très jeune Limnée, dont la taille ne dépasse pas 2 1/2 millimètres, a été recueillie dans le Djérab. Il est impossible de la déterminer spécifiquement.

Planorbis sudanicus Martens.

Voir p. 187 de ce mémoire.

Le Djérab. Deux exemplaires de petite taille. [Diamètre maximum : 7 1/2 millimètres; diamètre minimum : 5 1/2 millimètres; épaisseur maximum : 2 millimètres.]

---

[1] Ce fait est rendu probable par suite de la rareté des Mollusques terrestres comparée à l'abondance des coquilles fluviatiles. Bien qu'en général les Gastéropodes terrestres soient peu répandus dans les contrées arides qui avoisinent le Tchad, les *Limicolaria* vivent cependant en colonies assez populeuses sur les rives du Kanem et dans les archipels de la côte Est du Tchad.

[2] *Documents scientifiques de la Mission Tilho*, notices géographique et altimétrique. 6ᵉ partie.

[3] Garde (G.), Les régions au Nord-Est du Tchad (mission de délimitation Niger-Tchad : mission Tilho); *La Géographie*; 1910, p. 237-244, 1 carte.

[4] J'ai publié une note au sujet des récoltes de M. le lieutenant Ferrandi dans le *Bulletin du Muséum d'histoire naturelle de Paris*; XVI, 1910, p. 204-213, fig. 48.

Planorbis Bridouxi Bourguignat.

Voir p. 188 de ce mémoire.

Quelques spécimens de petite taille. [Diamètre maximum : 5 millimètres; diamètre minimum : 3 millimètres: épaisseur : 2 millimètres.]
Le Djérab.

Physa (Isidora) tchadiensis Germain.

Voir p. 185 de ce mémoire.

Un exemplaire assez typique. Il ne mesure que 7 millimètres de hauteur, 4 millimètres de diamètre maximum et 3 millimètres de diamètre minimum; son test, un peu brillant, fragile, est orné de stries obliques extrêmement fines. L'ouverture présente un léger épaississement blanc simulant un bourrelet. J'ai précédemment signalé le même fait chez un spécimen de cette espèce recueilli dans l'Azaouad, au Nord-Est de Tombouctou[1].
Le Djérab.

Vivipara unicolor Olivier.

Voir p. 195 de ce mémoire.
Le Djérab; nombreux exemplaires.

Cleopatra bulimoïdes Olivier.

Voir p. 197 de ce mémoire.
Le Djérab; nombreux exemplaires.

Cleopatra Poutrini Germain.

1909. *Cleopatra Poutrini* GERMAIN, *Bulletin Muséum hist. natur. Paris;* XV, p. 376.
1910. *Cleopatra Poutrini* GERMAIN, *Bulletin Muséum hist. natur. Paris;* XVI, p. 208.

Cette espèce, découverte dans l'Egueï par M. le Dr POUTRIN, possède une coquille conique-allongée; la spire est haute, composée de 7 tours bien convexes, fort étagés, à croissance assez rapide, séparés par des sutures très profondes; les premiers tours sont ornés de deux filets carénants très émoussés, qui disparaissent au dernier tour; celui-ci est très grand, bien convexe; l'ouver-

---

[1] GERMAIN (Louis). Mollusques fluviatiles recueillis dans l'Azaouad (Nord-Est de Tombouctou); *Bulletin Muséum hist. natur. Paris;* XV, 1909, p. 373.

ture, ovalaire-allongée, est anguleuse en haut et en bas; l'ombilic, relativement large, est légèrement recouvert par la patulescence du bord columellaire; enfin le péristome est continu.

Les filets carénants sont très atténués chez les vieux individus.

Les spécimens du Djérab recueillis par M. le lieutenant FERRANDI présentent tous les caractères que je viens d'énumérer; ils sont de taille normale [hauteur : 9 millimètres], mais leur test est plus finement strié que chez les individus de l'Egueï.

Bythinia (Gabbia) Neumanni Martens.

Voir p. 200 de ce mémoire.

Le Djérab; très abondant.

Ampullaria speciosa Philippi.

Voir p. 232 de ce mémoire.

Un spécimen récolté dans le haut Bahr el Ghazal, à environ 180 kilomètres de Koro-Toro. Il est semblable à celui recueilli à Am Raya (Bahr el Ghazal moyen) par M. G. GARDE, mais son test est un peu moins épais.

Hauteur : 82 millimètres; diamètre maximum : 76 millimètres; diamètre minimum : 61 millimètres; hauteur de l'ouverture : 60 millimètres; diamètre de l'ouverture : 37 millimètres.

Ampullaria ovata Olivier.

1804. *Ampullaria ovata* OLIVIER, *Voyage dans l'Empire ottoman;* II, p. 39, pl. XXXI, fig. 1.
1823. *Ampullaria ovata* CAILLIAUD, *Voyage à Méroë;* Atlas, pl. LX, fig. 10.
1827. *Ampullaria ovata* CAILLIAUD, *Voyage à Méroë;* Texte. IV. p. 264.
1827. *Ampullaria ovata* AUDOIN, in SAVIGNY, *Descript. Coq. Égypte;* p. 165, pl. II, fig. 25¹, 25².
1839. *Ampullaria ovata* ROTH, *Mollusc. Orientem,* etc.; p. 25.
1851. *Ampullaria ovata* PHILIPPI, *Die Gatt.* Ampullaria. in MARTINI und CHEMNITZ, *System. Conchyl. Cabinet;* p. 49. Taf. XIV, fig. 5.
1851. *Ampullaria kordofana* PARREYSS. in PHILIPPI, *loc. cit.;* p. 44, Taf. XIII, fig. 1.
1851. *Ampullaria lucida* PARREYSS, in PHILIPPI, *loc. cit.;* p. 45, Taf. XIII, fig. 2.
1856. *Ampullaria ovata* REEVE, *Conchol. Iconica;* pl. XIV, fig. 64.
1857. *Ampullaria ovata* MARTENS, *Malakozool. Blätter;* IV, p. 187.
1863. *Ampullaria ovata* BOURGUIGNAT, *Mollusques nouv. litig. peu connus;* p. 79, pl. X. fig. 11.
1863. *Ampullaria Raymondi* BOURGUIGNAT, *loc. cit.;* p. 76, pl. IX, fig. 4.
1863. *Ampullaria kordofana* BOURGUIGNAT, *loc. cit.;* p. 76. pl. XI, fig. 12-13.

1863. *Ampullaria lucida* Bourguignat, *loc. cit.;* p. 80.

1866. *Ampullaria ovata* Martens, *Malakozool. Blätter;* XIII, p. 1 et p. 18.

1868. *Ampullaria ovata* Morelet, *Mollusques terr. fluv. voyage Welwitsch;* p. 39, 40
   46, 94, pl. IX, fig. 10.

1874. *Ampullaria ovata* Jickeli, *Land- und Süsswasser-Mollusken N. O. Afrik.;* p. 230.

1879. *Ampullaria ovata* Bourguignat, *Mollusques Égypte, Abyssinie,* etc.; p. 32.

1880. *Ampullaria ovata* Smith, *Proceed. zoolog. society of London;* p. 348.

1881. *Ampullaria ovata* Crosse, *Journal de Conchyliologie;* XXIX, p. 110 et p. 280.

1885. *Ampullaria ovata* Billotte, *Bullet. soc. malacologique France;* II, p. 110.

1885. *Ampullaria lucida* Billotte, *loc. cit.;* p. 110.

1885. *Ampullaria Raymondi* Billotte, *loc. cit.;* p. 110.

1886. *Ampullaria ovata* Pelseneer, *Bullet. Mus. hist. nat. Belgique;* IV, p. 104.

1888. *Ampullaria ovata* Bourguignat, *Iconogr. malacolog. lac Tanganika;* pl. VI, fig. 1.

1889. *Ampullaria ovata* Bourguignat, *Mollusques Afrique équatoriale;* p. 168.

1890. *Ampullaria ovata* Bourguignat, *Hist. malacologique lac Tanganika;* p. 74, pl. VI,
   fig. 1; et *Ann. sc. natur.;* 7e série, X, *même pagin.*

1898. *Ampullaria ovata* Martens, *Beschalte Weichth. Ost-Afrik.;* p. 158.

1904. *Ampullaria ovata* Smith, *Proceed. malacol. society of London;* VI, n° 2, p. 100.

1907. *Ampullaria ovata* Germain, *Mollusques terr. fluv. Afrique centrale française;* p. 527.

1908. *Ampullaria ovata* Dautzenberg, *Journal de Conchyliologie;* LVI, p. 20.

1909. *Ampullaria ovata* Pallary, *Catalogue faune malacologique Égypte;* p. 60, pl. IV,
   fig. 12.

1909. *Ampullaria Kordofana* Pallary, *loc. cit.;* p. 61.

1909. *Ampullaria lucida* Pallary, *loc. cit.;* p. 61.

1910. *Ampullaria ovata* Germain, *Bulletin Muséum hist. natur. Paris;* XVI, p. 209.

1910. *Ampullaria ovata* Sowerby, *Proceed. malacolog. society of London;* IX, p. 60, n° 139.

M. le lieutenant Ferrandi a recueilli, dans le haut Bahr el Ghazal, à environ
180 kilomètres de Koro-Toro, des exemplaires de cette espèce absolument
identiques à ceux qui vivent dans le Nil. Quelques spécimens correspondent
parfaitement à l'*Ampullaria kordofana* Parreyss, tel qu'il a été figuré par Bourguignat [1], espèce que l'on doit regarder comme synonyme de l'*Ampullaria ovata*
Olivier.

Les individus du Bahr el Ghazal sont de taille normale : 62-65-66 millimètres de hauteur, 54-54-61 millimètres de diamètre maximum et 43-45-
48 millimètres de diamètre minimum. L'ouverture atteint 45-45-50 millimètres
de hauteur pour 28-29-30 millimètres de diamètre. Le test est épais, solide,
un peu crétacé, orné de stries d'accroissement serrées, irrégulières et légèrement obliques.

J'ai réuni à l'*Ampullaria ovata* Olivier, les *Ampullaria kordofana* Parreyss, et
Ampullaria lucida Parreyss, qui ne sont que des variétés peu distinctes du type.
L'*Ampullaria Raymondi* Bourguignat, est une variété *major* atteignant jusqu'à
92 millimètres de hauteur pour 79 millimètres de diamètre maximum. Quant

---

[1] Voir l'indication iconographique à la synonymie.

à l'*Ampullaria Dumesniliana* Billotte[1], il faut très probablement y voir un jeune spécimen de l'*Ampullaria ovata* Olivier.

Melania tuberculata Müller.

Voir p. 203 de ce mémoire.

Très commun dans l'Egueï.
Le Djérab; excessivement abondant.

Valvata Tilhoi Germain.

Voir p. 207 de ce mémoire.

Le Djérab; très commun.

Unio (Nodularia) Lacoini Germain.

Voir p. 208 de ce mémoire.

Le Djérab: quelques spécimens adultes et de nombreuses valves séparées.

Mutela angustata Sowerby, variété *ponderosa* Germain.

Voir p. 212 de ce mémoire.

Le Djérab. Exemplaires identiques à ceux si communément répandus dans le lac Tchad.

Spatha (Leptospatha) Bourguignati Ancey.

1885. *Spatha Bourguignati* ANCEY, in BOURGUIGNAT, *Esp. nouvelles, genres nouv. Oukéréwé et Tanganika;* p. 12 et p. 14.
1887. *Spathella Bourguignati* ANCEY, *Bullet. soc. malacologique France;* IV, p. 268.
1889. *Spathella Bourguignati* BOURGUIGNAT, *Mollusques Afrique équatoriale;* p. 197, pl. VIII, fig. 1-2.
1889. *Spathella Bloyeti* BOURGUIGNAT, *loc. cit.;* p. 198, pl. VIII, fig. 3.
1889. *Spathella spathuliformis* BOURGUIGNAT, *loc. cit.;* p. 199, pl. VIII, fig. 4.
1892. *Spatha (Spathella) Bourguignati* SMITH, *Ann. magaz. natur. history;* 6ᵉ série, X, p. 128.
1898. *Spatha Bloyeti* MARTENS. *Beschalte Weichth. Ost-Afrik.;* p. 249.

---

[1] BILLOTTE (R.). Recensement Ampullaires continent africain; *Bulletins société malacologique France;* II, 1885, p. 105, pl. VI, fig. 2.

1898. *Spatha Wahlbergi* KRAUSS. variété *spathuliformis* MARTENS, *loc. cit.; p. 248,* Taf. VII, fig. 18.

1900. *Spatha Wahlbergi,* variété *spathuliformis* SIMPSON, Synopsis of Naïades; *Proceed. unit. st. national Museum;* XXII, p. 898.

1904. *Leptospatha spathuliformis* DE ROCHEBRUNE et GERMAIN, *Mémoires soc. zoologique France;* XVII, p. 25.

1906. *Spatha (Leptospatha) Bourguignati* GERMAIN, *Bulletin Muséum hist. natur. Paris;* XII. p. 173.

1906. *Spatha (Leptospatha) Bloyeti* GERMAIN, *Mémoires soc. zoologique France;* XIX, p. 240.

1907. *Spatha (Leptospatha) Bourguignati* GERMAIN, *Mollusques terr. fluv. Afrique centrale française;* p. 560.

1910. *Spatha (Leptospatha) Bourguignati* GERMAIN, *Bulletin Muséum hist. natur. Paris;* XVI, p. 211.

M. le lieutenant FERRANDI a recueilli, dans le Djérab, d'assez nombreux exemplaires de cette espèce. Leur test, café au lait clair près des sommets, passe au chocolat clair vers les régions inférieure et antérieure; les sommets petits, proéminents, sont nettement incurvés; les stries d'accroissement sont fines et irrégulières; la nacre, très irisée, est d'un blanc bleuâtre; enfin les impressions musculaires sont : l'antérieure très profonde, la postérieure profonde et la palléale bien marquée.

La forme générale est un peu plus allongée que chez le type le plus communément répandu, ainsi que le montrent les dimensions principales, qui sont les suivantes :

Longueur totale : 75-77 millimètres; hauteur maximum : 38-39 millimètres, à 20 et 25 millimètres des sommets; épaisseur maximum : 21-22 millimètres.

Je réunis à cette espèce, ainsi que je l'ai montré dans ma note de 1906 et dans mon mémoire de 1907, les *Spatha Bloyeti* Bourguignat, et *Spatha spathuliformis* Bourguignat. Par contre, je ne saurais admettre l'opinion de T. SIMPSON [1], qui considère le *Spatha Bourguignati* Ancey, comme une variété du *Spatha Walhbergi* Krauss [2], les caractères de ces deux Mollusques et leur distribution géographique différente ne permettant pas une telle réunion.

Le *Spatha Bourguignati* Ancey, est une espèce abondante, non seulement dans l'Est africain [3], mais encore dans tout le bassin du Chari (A. CHEVALIER, DECORSE, LACOIN), dans le Kanem (DUPERTHUIS) et jusque dans le Soudan fran-

---

[1] *Loc. supra cit.;* XXII, 1900, p. 898.

[2] KRAUSS (F.). *Die Süd Afrikanischen Mollusken;* 1848, p. 19, Taf. II, fig. 1 [*Iridina Wahlbergi*].

[3] Notamment dans le lac Oukéréwé; dans les cours d'eau de la plaine marécageuse d'Hahi, entre l'Ougogo et Tabora; dans le Makata, affluent supérieur du Vouami (Ousaghara); dans le Magogo, à Ounyangouira (Ougogo) [BOURGUIGNAT. *Malacologie de l'Afrique équatoriale;* mars 1889, p. 197, p. 199 et p. 200]; dans le Sud du Victoria-Nyanza [EMIN-PACHA] et à Nyemirembe [EMIN-PACHA, DR. STUHLMANN] [MARTENS (DR. E. von), *Beschalte Weichth. Ost-Afrik.;* 1898, p. 249].

çais, où M. A. Chevalier l'a recueilli à Toya et près de la chute du Colimbine, non loin de Yilimane [1].

Corbicula Audoini Germain.

Voir p. 218 de ce mémoire.

Commun dans le Djérab.

[1] Les spécimens de cette dernière localité appartiennent à une variété *major* Germain [*loc. supra cit.; 1907*, p. 561].

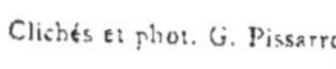

Clichés et phot. G. Pissarro.

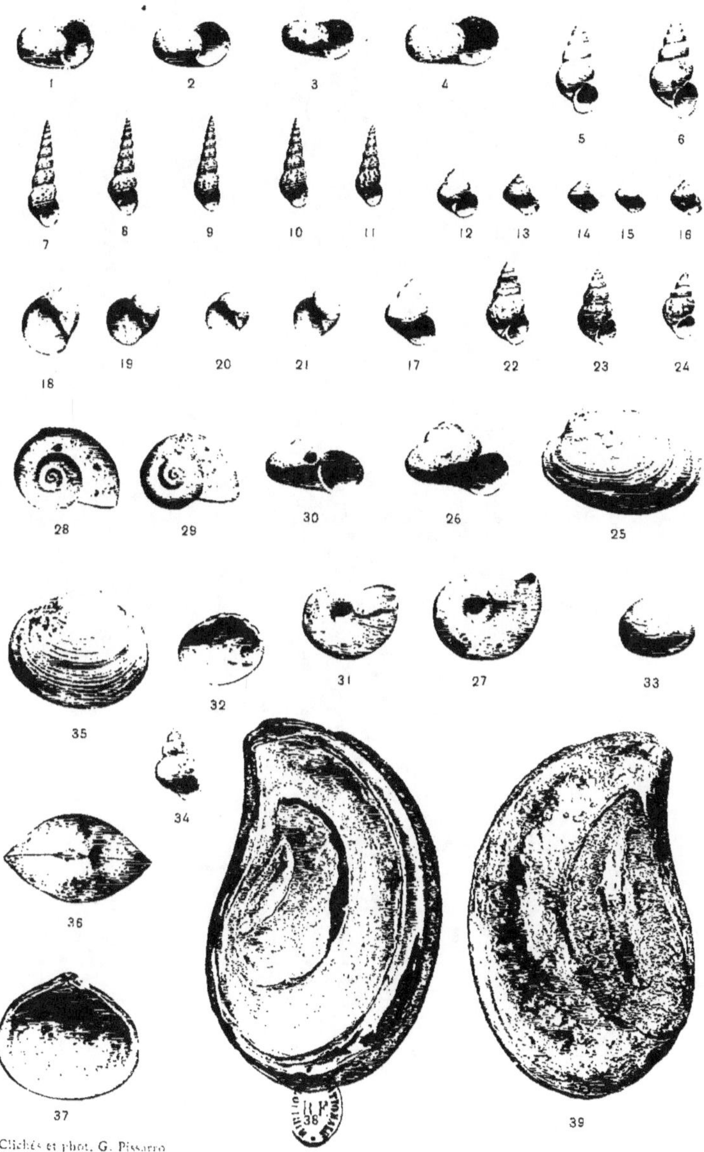

Clichés et phot. G. Pissarro

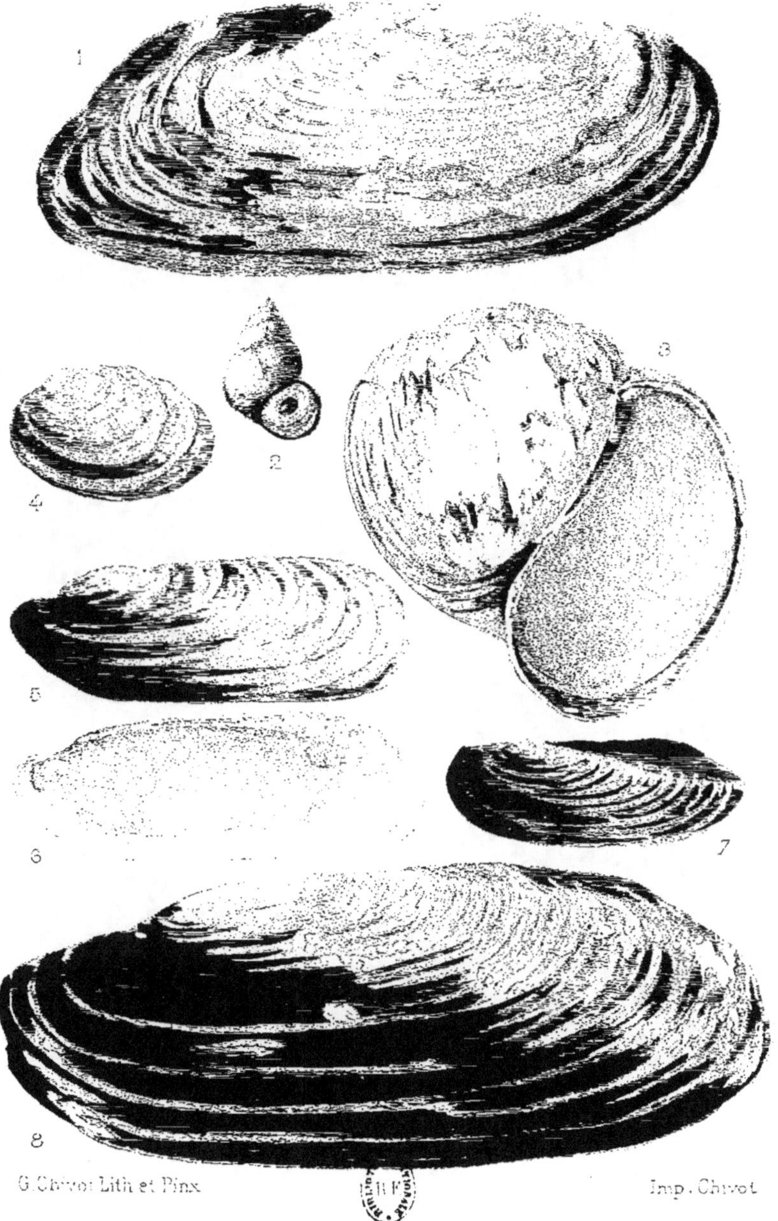

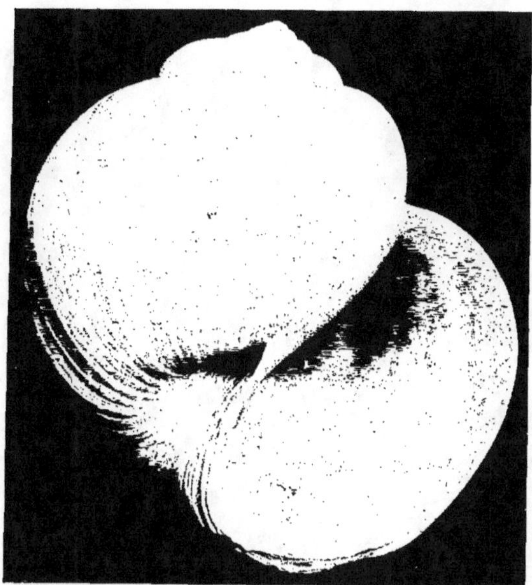

Fig. 1.

Fig. 2.

EXPLICATION DES PLANCHES.

Planche I.

Fig. 1-2. *Succinea Lauzannei* Germain.
> N'Guigmi, lac Tchad. Échantillon type; × 1 1/2.

Fig. 3 à 10. *Limnæa Vignoni* Germain.
> Série d'exemplaires recueillis dans le lac Tchad, à 8 kilomètres à l'Est de Kamba. Grandeur naturelle.

Fig. 11-12. *Limnæa africana* Rüppell, variété *kambaensis* Germain.
> Lac Tchad, à 8 kilomètres Est de Kamba; grandeur naturelle.

Fig. 13-14. *Limnæa africana* Rüppell, variété *kouloaensis* Germain.
> Lac Tchad, au Nord de Kouloa; grandeur naturelle.

Fig. 15. *Limnæa africana* Rüppell, variété *minor* Germain.
> Lac Tchad, à Kélékorarom; grandeur naturelle.

Fig. 16. *Limnæa Vignoni* Germain, variété *minor* Germain.
> Lac Tchad, à Madiorou; grandeur naturelle.

Fig. 17-18. *Physa (Isidora) strigosa* Martens, variété *subcostulata* Germain.
> Lac Tchad, à 7 kilomètres Est de Kamba; × 2.

Fig. 19. *Planorbula tchadiensis* Germain, variété *inermis* Germain.
> Am Raya (Bahr el Ghazal). Coquille vue du côté de l'ouverture; × 2.

Fig. 20-21. *Planorbis Bridouxi* Bourguignat.
> Monstruosité (déviation du dernier tour).
> Intérieur du lac Tchad, à 35 kilomètres du bord Ouest; grandeur naturelle.

Fig. 22. *Planorbis Bridouxi* Bourguignat, variété *major* Germain.
> Intérieur du lac Tchad (M. le lieutenant de vaisseau AUDOIN); grandeur naturelle.

Fig. 23-24. *Physa (Isidora) strigosa* Martens.
> Exemplaire anormal.
> Lac Tchad, 8 kilomètres Est de Kamba; grandeur naturelle.

Fig. 25. *Physa (Isidora) strigosa* Martens, forma *globosa* Germain.
> Lac Tchad, 7 kilomètres Est de Kouloa; grandeur naturelle.

Fig. 26-27-28. *Physa (Isidora) trigona* Martens.
> Lac Tchad, à N'Guigmi; grandeur naturelle.

Fig. 29-30. *Physa (Isidora) strigosa* Martens.
> Exemplaire *type* de l'auteur; collections du Muséum d'histoire naturelle de Berlin; × 6.

Fig. 31-32. *Physa (Isidora) trigona* Martens.
> Exemplaire *type* de l'auteur; collections du Muséum d'histoire naturelle de Berlin; × 6.

Fig. 33-34-35. *Planorbis Gardei* Germain.
> Lac Tchad, à N'Guigmi; × 4.

Planche II.

Fig. 1 à 4. *Planorbis Bridouxi* Bourguignat.
> Série de jeunes individus, vus du côté de l'ouverture, pour montrer le développement. Bossa; × 3.

Fig. 5-6. *Cleopatra bulimoides* Küster, variété *Richardi* Germain.
> Zone sableuse (bord occidental du lac Tchad); grandeur naturelle.

Fig. 7 à 11. *Melania tuberculata* Müller.
> Koukourdeye (Egueï); grandeur naturelle.

Fig. 12 à 16. *Vivipara unicolor* Olivier.
> Exemplaires jeunes, pour montrer le développement de la coquille.
> Lac Tchad, à Garoa; grandeur naturelle.

Fig. 17. *Vivipara unicolor* Olivier.
> Exemplaire presque adulte.
> Lac Tchad, à Garoa; grandeur naturelle.

Fig. 18 à 21. *Physa (Isidora) strigosa* Martens.
> Exemplaires possédant une ouverture à labre épanoui.
> Lac Tchad, au Nord de Kouloa; grandeur naturelle.

Fig. 22. *Cleopatra bulimoides* Küster, variété *unilirata* Germain.
> Zone sableuse entre Bosso et l'embouchure de la Komadougou-Yoobé (lac Tchad); grandeur naturelle.

Fig. 23-24. *Cleopatra bulimoides* Küster, variété *unilirata* Germain.
> Intérieur du lac Tchad, à 30 kilomètres du bord Ouest; grandeur naturelle.

Fig. 25. *Unio (Nodularia) Lacoini* Germain.
> Exemplaire garni de chevrons.
> Intérieur du lac Tchad, à 40 kilomètres du bord Ouest; grandeur naturelle.

Fig. 26-27-28. *Valvata Tilhoi* Germain.
> Entre Ouani et Hangara (Moji); × 5.

Fig. 29-30-31. *Valvata Tilhoi* Germain, forma *depressa* Germain.
> Entre Ouani et Hangara (Moji); × 5.

Fig. 32-33. *Pisidium Landeroini* Germain.
> Entre Ouani et Hangara (Moji); × 6.

Fig. 34. *Bythinia (Gabbia) Neumanni* Martens, variété *elata* Germain (présentant, en outre, le mode *limpida*).
> Intérieur du lac Tchad, à 20 kilomètres Ouest de N'Gollom; × 3.

Fig. 35-36-37. *Corbicula Audoini* Germain.
> Ali Agrenga (Egueï); × 4.

Fig. 38-39. *Ampullaria speciosa* Philippi.
> Opercule vu en dessus et en dessous.
> . Vallée de la Komadougou-Yoobé; grandeur naturelle.

Planche III.

Fig. 1. *Mutela Moineti* Bourguignat.
> Pambété (lac Tanganika).
> Type de l'auteur. (Collection du Muséum d'histoire naturelle de Paris); grandeur naturelle.

Fig. 2. *Vivipara unicolor* Olivier, variété *viridis* Germain.
> Chenal sablo-vaseux au Sud de Kangallam (lac Tchad) [M. le lieutenant Lacoin];
> grandeur naturelle.

Fig. 3. *Ampullaria speciosa* Philippi.
> Vallée de la Komadougou-Yoobé; grandeur naturelle.

Fig. 4. *Unio (Nodularia) Lacoini* Germain.
> Lac Tchad [M. le lieutenant Lacoin]; grandeur naturelle.

Fig. 5-6. *Mutelina Mabillei* de Rochebrune, var. *Gaillardi* Germain.
> Intérieur du lac Tchad, à 3o kilomètres du bord Ouest; grandeur naturelle.

Fig. 7. *Mutelina rostrata* Rang.
> Exemplaire jeune.
> Chenal sablo-vaseux au Sud de Kangallam (lac Tchad). [M. le lieutenant Lacoin]:
> grandeur naturelle.

Fig. 8. *Mutela nilotica* Cailliaud, variété *elongata* Sowerby.
> Entre Garoa et N'Guigmi, au Nord-Ouest du lac Tchad; grandeur naturelle.

Planche IV.

Fig. 1. *Ampullaria speciosa* Philippi.
> Coquille vue du côté de l'ouverture; grandeur naturelle.
> Le Bahr el Ghazal.

Fig. 2. *Ampullaria speciosa* Philippi.
> Coquille vue de dos; grandeur naturelle.
> Le Bahr el Ghazal.

INDEX ALPHABÉTIQUE.

Limnæa.

Melania.

Melanoides.

Mutela.

Mutelina.

Mytilus.

Nerita.

Venus.

Vivipara.

TABLE DES MATIÈRES.